山东省中等职业教育课程改革教材

计算机录入

山东出版传媒股份有限公司

山东教育出版社

图书在版编目（CIP）数据

计算机录入 / 孙海峰主编. —济南：山东教育出版社，2019.10
山东省中等职业教育课程改革教材. 文秘专业 / 张颖梅总主编
　ISBN 978-7-5701-0240-2

　Ⅰ. ①计… Ⅱ. ①孙… Ⅲ. ①文字处理－中等专业学校－
教材 Ⅳ. ①TP391.1

中国版本图书馆CIP数据核字（2018）第094796号

策　　划：刘东杰　陆　炎　孟旭虹
责任编辑：孙光兴　杨文君
责任校对：舒　心
美术编辑：邢　丽　杨　晋

SHANDONGSHENG ZHONGDENG ZHIYE JIAOYU KECHENG GAIGE JIAOCAI
JISUANJI LURU

山东省中等职业教育课程改革教材
计算机录入
孙海峰　本册主编

主管单位：山东出版传媒股份有限公司
出版发行：山东教育出版社
　　　　　地址：济南市纬一路321号　邮编：250001
　　　　　电话：（0531）82092664
印　　刷：山东德州新华印务有限责任公司
版　　次：2019年10月第1版
印　　次：2019年10月第1次印刷
开　　本：787 mm×1092 mm　1/16
印　　张：9.5
字　　数：190千
定　　价：21.00元

（如印装质量有问题，请与印刷厂联系调换）印厂电话：0534-2671218

编 委 会

总 主 编　张颖梅

副 主 编　褚福贞　宋　文

本册主编　孙海峰

编　　者　万　军　孙　洁　褚福靖

　　　　　赵玉侠　渠敬元　沈红娟

编写说明

为贯彻落实《山东省中长期教育改革和发展规划纲要（2011—2020年）》和山东省人民政府关于加快建设适应经济社会发展的现代职业教育体系的意见，全面推进职业教育课程改革，使全省职业学校教育教学工作尽快实现规范化、制度化，整体提升办学水平和教育质量，根据教育部颁发的专业目录和职业教育教学改革一系列文件精神，按照山东省教育厅总体部署和我省职业教育发展状况，我们组织具有丰富教学和实践经验的学科专家、优秀教师、行业企业专业技术人员编写了这套文秘专业教材，供全省中等职业学校文秘专业三年制学生使用。

《计算机录入》以《山东省中等职业学校文秘专业教学指导方案（试行）》为依据，以就业为导向，根据专业课程的特点分为若干项目，项目前设计项目情境，项目后附带项目评价。学习任务下设置若干环节，用简洁、生动的形式引导学生进行训练，培养和提高学生的能力，达成学习目标。项目导入生动自然、引人入胜，知识介绍简明、实用，项目评价操作性强，设计生动活泼，体例新颖、特色鲜明。

本课程的教学，教师可采用学生自我评价、同学相互评价和教师评价相结合的方式，以增强教学的趣味性和有效性。对部分教学内容，可根据学生掌握情况和生活实际灵活调整。既可调整先后顺序，也可适当进行删减或补充、拓展。注意发挥学生的主动性和创造性，科学评价训练成绩。通过本课程的学习，学生能掌握专业知识，提升专业能力，培养责任意识，适应今后学习和工作的需要。

本书也适合中等职业学校计算机应用以及相关专业的学生使用，也可以作为各类计算机培训的教学用书及考试的辅导用书。

编写不足之处，敬请批评指正。

2019年10月

目 录

项目一

英文录入

项目背景

在办公室文员和文秘工作中，借助计算机设备录入相关材料已成为办公人员的一项重要工作。计算机录入包括英文、中文、符号等各种格式信息的录入，其中，英文录入是计算机输入技术的基础和入门技能，英文录入技能也常被理解为指法技能，英文录入的学习应从认识键盘上的字母键、功能键、数字键和符号键开始。只有熟练掌握了基本的指法技能和英文录入技巧，才能为后继的中文录入、速录等工作做好铺垫。

项目分析

计算机录入是依托计算机硬件系统中的输入设备，将数据、各种格式的信息等内容输入到计算机中。常见的计算机输入设备有键盘、鼠标、手写板、扫描仪、语音输入设备等，它们可以实现文本、数字、图像、语音等信息的采集，同时也是计算机与录入者之间进行信息交流的纽带。英文录入是指以键盘为主要输入设备实现字母、数字、标点符号及其他字符的计算机输入的技术。具体任务如下：

任务1　认识键盘结构布局

任务2　基本指法训练

任务3　英文录入训练

项目目标

了解计算机系统组成，掌握键盘的分类及结构布局；了解计算机录入的正确坐姿标准，熟练掌握基本指法要领及录入要求，通过指法训练，达到英文录入的基本要求；掌握英文的字符、单词、句子或短文的录入方法及技巧，具体目标如下：

● 了解计算机系统的组成，掌握键盘的结构布局

● 了解录入的正确坐姿标准，熟练掌握基本指法要领

● 通过录入训练，提升英文录入的正确率和录入速度，并能够达到较高级别的录入等级

项目实践

刘晓倩是某校文秘专业毕业生，现在被安排到某集团公司的办公室工作。最近，公司为提高办公效率，要求所有部门的通知、文件上报等都必须使用办公OA系统，实现无纸化办公。为此，公司准备对部分员工开展培训，办公室主任王明安排刘晓倩负责此项工作。接到任务后，刘晓倩对培训内容进行科学安排，准备将最基础的"英文录入"作为培训的首要内容。

任务1　认识键盘结构布局

任务描述

刘晓倩在了解参训学员们的情况后，准备先向学员们讲授键盘相关知识及录入要领，为学员们学习英文录入做好铺垫。

在本次任务中，学员们需要做以下工作：

◆ 了解键盘的发展史，认识键盘种类

◆ 了解计算机录入的正确坐姿标准，掌握录入要领

◆ 了解计算机系统结构，掌握计算机硬件和软件的分类

任务实践

一、认识键盘

刚接触计算机的学员们，看到计算机的键盘后，发现英文字母、标点符号、数字等字符分布有些杂乱无章，不知道从何入手。刘晓倩准备了几种键盘的图片，如图1-1所示，引导参加培训的学员们认识键盘。

图1-1　标准键盘、多媒体键盘和人体工程学键盘

计算机键盘是一种最常见、最基本的计算机输入设备，也是用户将外界信息传送到计算机的重要媒介之一。目前，市场上的键盘主要分为标准键盘、多媒体键盘和人体工程学键盘。

计算机键盘是从早期的英文打字机键盘演变而来的，早期以83个键的计算机键盘为主。随着用户利用键盘输入信息内容和使用需求的增加，键盘经历多次演变，发展到现在常用的101键、102键、104键、107键和108键。其中，104键的键盘是在101键的键盘的基础上增加了三个快捷键，是目前最流行的一种键盘。多媒体键盘与普通键盘相比，增加了多媒体功能和上网功能的按键。虽然，键盘的按键数量不尽相同，但键盘上的基本键位还是被保留着。随着用户个性化需求和人体工程科学的发展，键盘在外形方面也有所改进，由早期的单一矩形键盘发展到现在的人体工程学键盘，这些变化都是随着人们的需求而变化的，体现出更加智能化、人性化和更加符合人体工程学原理等特点。

二、录入要领

在利用计算机键盘开始录入前，需要养成良好的录入习惯。这些习惯包括整洁的工作环境、正确的坐姿等。

1. 正确的坐姿

保持正确的坐姿是办公室文员和文秘人员保持端庄的需求，也是提升计算机录入速度和质量的前提。使用标准键盘的正确坐姿，如图1-2所示。

按照正确坐姿的要求，学员们开始计算机录入前的坐姿训练。

（1）调节座椅的高度

每个人的体形不同，所以座椅最好选择"手动

图1-2　录入人员的正确坐姿

调整"型座椅。座椅的高度应使双脚能平放在地板上，大腿应与地板平行；椅背应紧靠背部并保持倾斜120度左右。如果需要长时间使用计算机，最好选择高背椅子来支撑整个背部。录入人员正确坐在座椅上后，应适当调整座椅的前后位置，使身体与桌面之间的距离保持在20~30 cm。

（2）调整桌面与座椅的高度比例

座椅的高低与摆放计算机的桌面高低要相匹配，匹配原则以录入人员的手臂与键盘操作面平行为最佳，避免头颈部过度后仰或过度前屈。市场上出售的与桌面呈10~30度可调节斜面工作板更有利于坐姿的调整。此外，建议录入人员每隔一个小时左右，轻柔缓慢地做几分钟头部运动，让头颈肌肉得到充分的休整，避免僵硬。

（3）键盘和鼠标的摆放位置

键盘和鼠标的位置与腕关节的屈曲程度密切相关。当手臂自然下垂时，肘关节的高度应与键盘、鼠标摆放的高度相一致，因此，录入人员可根据自己的情况将键盘和鼠标放在一个稍低的位置。同时建议录入人员每隔半个小时左右放松下双腕，握握拳，做做手指操等。

（4）调整显示器

录入人员先检查一下计算机显示器的放置高度，使显示器上边的高度与眼睛对齐。录入人员还要根据身体坐正后视角角度，适当调整显示器的仰角，一般仰角不超过10度，保持眼睛与显示器的距离在40~80 cm。

（5）调整坐姿

录入人员应坐在键盘与显示器的中线位置上，可以稍微偏右。坐立后，录入人员要腰背挺直，腰部尽量紧靠座椅后背，肩膀自然放松，上臂和肘部靠近身躯，下臂和手腕稍微向上抬起，与桌面形成上扬5~10度角；身体微向前倾斜15度左右，切不可弯腰驼背或过度探头；膝部夹角保持在90~110度，双脚自然地平放在地面上，双脚之间的距离可以保持在20~30 cm。

不正确的坐姿，如图1-3所示。这些不正确的坐姿很容易带来身体疲劳和疾病，同时也会影响计算机录入的速度。有些从事办公室文字工作的人员还会出现颈椎病、鼠标手、驼背、偏头痛等常见病，这些都与计算机录入时坐姿不科学有关。因此，在学习计算机录入技术前，要重视和掌握正确的坐姿要求。

图 1-3 不正确坐姿

2. 录入要领

（1）眼睛的要求。在录入前，先将准备录入的文稿放在键盘左侧，微倾斜，以便于阅读。在录入时，眼睛要看文稿，主要精力放在文稿上，按键全凭手指的触觉，身体不要倾斜，读稿速度以与手的录入速度相符为准，切记不要边看文稿边看键盘或显示器，否则，容易分散注意力，造成录入错误。在指法训练的初始阶段，追求的是指法习惯，而不是录入的速度。习惯贵在坚持，做到熟能生巧，只要训练久了，就能将键盘上每一个键位的位置熟记于心，录入技能就自然得到提升。

（2）击键的要求。击键要迅速、果断，手指击键时要有弹性，做到"一触即回"，不能按压键位，以免损伤键盘。击键的频率要均匀，击键声音要有节奏。

（3）录入状态的要求。在录入过程中，要牢记录入效率第一，要在保证正确率的基础上提高速度。在眼看与手击之间，大脑是桥梁，眼所看到的文稿内容要反映到大脑中，大脑指挥手完成击键动作，两手击键后返回基准键位置并告知大脑动作完成，眼睛再收集其他信息，直到录入工作结束，该循环才结束。

三、键盘结构布局

无论是哪类键盘，都可以按照功能区域进行划分。它们一般包括主键盘区、功能键区、编辑键区、数字键区和状态指示区，如图1-4所示。

图1-4　键盘的结构布局

1. 主键盘区

主键盘区也称打字键盘区或字符键区，与标准英文打字机键盘的结构布局相似。它的排列位置与英文字母的使用频率有关。使用频率最高的键放在中间，使用频率低的放在两边，这种排列方式是依据手指击键的灵活程度进行排列的。食指和中指比小指和无名指的灵活度和力度要好，故击键的速度也相应快一些，所以中指和食指所负责的字母键都是使用频率最高的键位。

主键盘区是计算机键盘中最重要的键区，它包括的键数最多，使用的频率也最高。这个区包括：字母键（A—Z）26个，数字键（0—9)10个，专用符号键（如/，+，－，*等）和特殊功能键（如Enter，Ctrl，Alt，Shift等）。

这里的特殊功能键是指除F1—F12键外，具有一些特殊用途的键，如表1-1所示。

表1-1　部分特殊功能键列表

键位	名称	功能及作用
Tab	制表符键	每按一次Tab键，光标会向右移动一个制表位
Shift	上档键	在英文录入中，主要用于大小写字母的转换
Caps Lock	大写锁定键	单击一次该键，可将字母锁定为大写状态，而除字母键外对其它键无影响，再次单击后，可解除大写锁定状态

键位	名称	功能及作用
Ctrl	控制键	该键不能单独使用，需要与其它键配合使用，完成特定的控制功能
Alt	交替换档键	该键不能单独使用，需要与其它键配合使用
Enter	回车键	按此键表示本行输入内容结束，光标会移至下一行的起始位置
Backspace	退格键	删除当前光标位置前面的字符
Esc	撤销键	用于撤销当前操作
Space	空格键	每按一次空格键，光标会向右移动一个字符的位置

2. 功能键区

在键盘的上方有十几个功能键，其功能因不同的软件和用户的个性设定而不同。

3. 编辑键区

编辑键区位于主键盘区和数字键区之间的位置，它们可以完成一定的控制功能，与功能键相同，它们的控制功能也是在一定的操作系统和软件中完成的。从计算机录入的角度来说，该键区只是起到一定的辅助作用，因此，使用频率不高。但是，在某些应用软件中，允许用户通过该键区对程序或数据库进行编辑，使得该键区的使用频率有所提升。编辑键区的各键位名称及功能，如表1-2所示。

表1-2 编辑键区的各键位名称及功能

位置	键位	该键位的功能
功能键区	Print Screen / SysRq	屏幕打印键，在Windows系统中则把当前屏幕的显示内容作为一个图像复制到剪贴板上
	Scroll Lock	停止屏幕信息滚动，在DOS操作系统中使用较多
	PauseBreak	暂停屏幕显示键，在DOS中，同时按下Ctrl键和PauseBreak键，可终止程序的执行

续　表

位置	键位	该键位的功能
编辑键区	Insert	插入键，在插入和替换之间转换
	Home	起始键，按下此键，光标会移至当前行的行首。同时按下Ctrl键和Home键，光标会移至首行行首
	Page Up	向前翻页键，按此键，可以翻到上一页
	Delete	删除键，可以删除紧跟光标后的字符
	End	终止键，按下此键，光标会移至当前行的行尾。同时按下Ctrl键和End键，光标会移至末行行尾
	Page Down	向后翻页键，按此键，可以翻到下一页
方向键区	↑	向上方向键，在文本编辑状态或窗口状态时，向上移动光标或选择某对象上方的一个对象
	↓	向下方向键，在文本编辑状态或窗口状态时，向下移动光标或选择某对象下方的一个对象
	←	向左方向键，在文本编辑状态或窗口状态时，向左移动光标或选择某对象左侧的一个对象
	→	向右方向键，在文本编辑状态或窗口状态时，向右移动光标或选择某对象右侧的一个对象

4. 数字键区

在键盘的右方有一个数字小键盘，该区域上有十个数字键，其排列紧凑，可用于数字的连续输入，特别是用于大量数字的输入，如财务数据就经常使用该数字键盘输入。当使用小键盘输入数字时，应按下"Num Lock"键，此时对应的〈Num Lock〉指示灯亮；当对应的〈Num Lock〉指示灯不亮时，表示不能用该键盘输入数字。

5. 状态指示区

在数字键区上方有一些指示灯，主要用来提示键盘工作状态，其中，当〈Num Lock〉灯亮时，表示可以利用数字键区的键位输入数字，当〈Caps Lock〉灯亮时，表示目前输入的字母状态是大写字母。

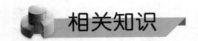

相关知识

一、计算机系统的组成部分

随着生活水平的提升，计算机已经走进千家万户，人们对计算机外观及应用有一定的认识，但对计算机系统结构并不十分了解。作为办公室文员和文秘人员，除要求会使用计算机外，还应熟悉计算机系统的组成，以便于对简单故障的判断和处理。

自第一台计算机诞生后，随着计算机主要元器件的更新换代，计算机经历了四个发展阶段，计算机系统的硬件和软件在性能和功能方面都取得了长足发展。总的说来，一个完整的计算机系统应包括计算机硬件和计算机软件两个部分。

1. 计算机硬件

计算机硬件是计算机进行科学计算、数据处理、过程控制等工作的物理设备的总称，它包括各类电子元器件，机械器件组成的具有运算、控制、存储、输入和输出功能的实体部件。计算机硬件主要包括主机和外部设备两个部分。

（1）主机

主机是计算机硬件的核心，相当于计算机的"头部"，它是由中央处理器和内部存储器构成。

中央处理器（Central Processing Unit，英文简写为CPU）是电子计算机的重要设备之一，是计算机工作的核心部件，主要包括运算器和控制器两部分，其主要功能是解释计算机指令以及处理计算机软件中的数据。在计算机工作时，CPU负责读取具体操作的各种指令，并对指令进行译码和执行。当前主流的CPU品牌主要有Intel（美国英特尔公司）和AMD（美国超微半导体公司），如图1-5所示。

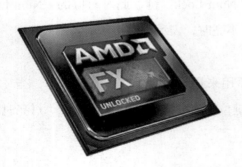

图1-5　两种主流品牌的CPU

内部存储器，也称为主存储器或内存。内存是由内存芯片、电路板、金手指等部件组成，它也是计算机的重要组成部件之一，是CPU直接进行数据沟通和访问的主要部件。计算机中所有程序的运行都是在内存中进行的，因此，内存的性能对计算机的整体性能影响较大。内存用于暂时存放CPU中的运算数据，以及与硬盘等外部存储器交换数据。只要计算机处于运行状态中，CPU就会把需要运算的数据调到内存中进行运算，在运算完成后，再由CPU将运算结果传送出来。内存只能暂时存储程序以及数据，比如，在使用WPS处理文稿时，当利用键盘敲入字符时，它就被存入内存中，在选择存盘时，内存中的数据才会被存入硬（磁）盘。因此，内存的运行状态也决定了计算机的稳定运行。

（2）外部设备

计算机系统的外部设备，也简称为"外设"，包括输入设备中的键盘、鼠标、扫描仪、数码照相机、语音输入设备、手写输入设备，输出设备中的各类显示器、打印机、绘图仪，存储设备中的软盘存储器、硬盘存储器、移动存储设备，多媒体设备中的光盘驱动器、声卡、音箱、视频卡、电视接收卡、摄像头等多媒体适配器，网络设备中的网卡、路由器、网桥、网关和交换机等设备。

2. 计算机软件

只有硬件没有任何软件的计算机被称为"裸机"，裸机是不能直接工作的。为使计算机能够正常工作，必须在计算机硬件基础上安装相应的计算机软件。通常把安装在计算机上的各种具有特定功能的程序、代码集或数据称为软件，它可以协助或控制计算机硬件完成计算、控制及其他工作。按照使用功能的不同，计算机软件可以分为系统软件和应用软件。

（1）系统软件

系统软件是指控制和协调计算机的主机及外部设备，支持应用软件开发和运行的系统程序，它是不需要录入人员进行控制或干预的各种程序的集合。其主要功能是调度、监控和维护计算机系统，负责管理和协调计算机系统中各种独立的硬件资源进行配合工作。系统软件可以方便用户对计算机进行二次开发和使用，不需要用户直接控制和管理计算机系统中的每个底层硬件，也不需要了解硬件是如何工作的。按照具体功能，系统软件又分为操作系统、系统服务程序、语言编程软件、数据库管理软件、编译和解释软件等。比如，常见的Windows XP/7/10，Windows Server 2008/2012/2016，

Linux，Unix 等，都属于操作系统软件。

（2）应用软件

应用软件是指用户借助计算机来完成某些任务或解决某些问题而开发的具有特定功能的程序。常见的应用软件包括数据处理软件、各种辅助软件、应用软件包、企业管理系统、工程设计、数字化校园系统、学生管理系统、科学计算软件、财务管理软件等。如用于文字处理的 WORD、WPS 等软件，用于打字练习的金山打字通软件，用于数据处理的 EXCEL 软件等。

二、初学录入时容易出现的误区

1. 敲击键盘时，不是击键，而是按键，并且一直按到底。这种现象不利于录入训练。

2. 腕部呆滞且不能与手指配合。这种现象会影响手形，也会影响击键的速度和节奏。

3. 击键时手指翘起或向里勾。这种现象不利于快速击键和快速返回原位置。

4. 左手击键时，右手离开基准键，放置在键盘边框上。这种现象既不符合录入的坐姿要求，也不利于录入水平的提升。

5. 小指、无名指击键力度不够。

6. 由于盲目追求速度，超出应有的均匀节拍。

7. 击键力量太大，声音太响，这样会造成疲劳。另外，手指运动幅度过大时，击键与恢复都需要较长的时间，会影响输入的速度。

任务2 基本指法训练

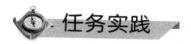 任务描述

通过观察，学员们发现常用的26个字母在键盘上并没有按照顺序排列。如何利用键盘敲打英文单词呢，引发了学员们的思考。刘晓倩告知学员们，不但要学会字符输入，还要利用左右双手配合完成字符的快速录入，大家都迫不及待地等待刘晓倩的讲解。

任务实践

一、基本指法及要求

基本指法是指键盘上字母键、数字键和符号键的指法训练。初学者除要保持正确的坐姿外，还需要掌握正确的指法，指法训练是学习计算机录入技术的基本技能。学习者需要根据图1-6指法训练示意图完成十指的摆放，结合键盘结构布局，从认识字母键的位置开始，掌握各个手指的击键区域。

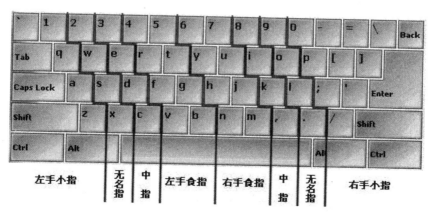

图1-6 基本指法示意图

开始指法训练前，左右手的大拇指自然伸开并用指尖侧面触放在空格键上，其余八个手指稍微弯曲拱起并稍微倾斜放在基准键上，指尖后的第一关节成弧形，轻放键位上，手腕要悬起不要压在键盘上。开始录入时，按照十指的指法位置分工，各负其责。在击键时，需注意击键力量和速度的控制。在击键力量方面，击键的力量来自手腕，力量大小要适中，击键动作要做到一触即弹，要短促，有弹性，不能按压字符键。任何一个手指击键后，都应迅速返回基准键，只有熟悉各键位之间的实际距离，才能为后继的盲打做好准备。击键速度应保持一定频率，把握击键的节奏，力求保持匀速。无论哪个手指击键，该手的其他手指应配合击键手指的移动，而另一只手的各指应放在基准键位上。

二、基准键的指法训练

在指法训练前，应先保持正确坐姿，然后，按照十指分工，找到基准键（把键盘上的"ASDFJKL；"八个键称为"基准键"），将除大拇指外的其余八个手指摆放在对应的基准键上。左手的食指、中指、无名指和小指分别放在"F""D""S""A"四个键上，右手的食指、中指、无名指和小指分别放在"J""K""L""；"四个键上，左右手的大拇指侧放在空格键上，如图1-7所示。在基准键位内侧存在"G""H"两个键，它们与基准键都位于键盘的靠中间位置，因此，它们也属于"中部键位"。在录入"G"字符时，需将放在"F"键上的左手食指向右移动一个键位位置敲击"G"键，击键后要快速返回到基准键"F"上，为下次敲击其它键位做好准备。在录入"H"字符时，需将放在"J"键上的右手食指向左移动一个键位位置敲击"H"键，击键后快速返回到基准键"J"上，为下次敲击其它键位做好准备。

图1-7 基准键的指法摆位

按照指法训练的基本要求，通过下面字符的录入训练，掌握基准键的正确指法，将训练成绩填写到对应表格内。

【任务训练1】

录入下列字符，熟悉基准键位及基本指法，并将成绩记录在表1-3中。

a	a	a	a	s	s	s	d	d	d	f
f	f	f	j	j	j	k	k	k	l	l
l	;	;	;	a	s	d	f	j	k
l	;	;	l	k	j	f	d	s	a
a	s	s	d	d	f	f	j	j	k
k	l	l	;	;	a	f	j	l	j
d	s	k	;	d	a	j	k	l	s

表1-3 分阶段训练成绩记录表

	初学阶段		巩固阶段		熟练阶段		最佳成绩
	成绩（字/分钟）	正确率（%）	成绩（字/分钟）	正确率（%）	成绩（字/分钟）	正确率（%）	
第1次训练记录							
第2次训练记录							
第3次训练记录							
第4次训练记录							
第5次训练记录							
多元评价（指法训练的经验与不足）							

【任务训练2】

录入下列字符组合，熟悉基准键位及基本指法，并将成绩记录在表1-4中。

as	ad	af	sa	sd	sf	da	ds	df	fa
fs	fd	jk	jl	j;	kj	kl	k;	lj	lk
l;	a;	s;	d;	aj	sj	dj	fj	j;	ak

英文录入

sl	d;	f;	al	kf	sj	kf	jd	ks	sa
aa	ss	ls	dd	kd	ff	kf	jj	sj	kk
ka	ll	fl	ad	kl	ak	sf	dj	sl	lj
fd	sa	kd	k;	ld	aj	ja	kk	ls	sl

表1-4　分阶段训练成绩记录表

	初学阶段		巩固阶段		熟练阶段		最佳成绩
	成绩（字/分钟）	正确率（%）	成绩（字/分钟）	正确率（%）	成绩（字/分钟）	正确率（%）	
第1次训练记录							
第2次训练记录							
第3次训练记录							
第4次训练记录							
第5次训练记录							
多元评价（指法训练的经验与不足）							

【任务训练3】

录入下列字符组合，完成基准键位的指法训练，并将成绩记录在表1-5中。

las	add	afk	sla	sad	sfa	daj
dss	dfa	fas	fsf	kfd	jsk	jll
ja;	kdj	kfl	kk;	laj	lkk	ls;
asa;	dsss	fddd;	lajs	asaj	kdjd	fjaj
djal;	asdk	sljl	asd;	fsfs	ljal	askf
k;sj	a;kf	jada	kass	sasa	ksfs	asls

表1-5 分阶段训练成绩记录表

	初学阶段		巩固阶段		熟练阶段		最佳成绩
	成绩（字/分钟）	正确率（%）	成绩（字/分钟）	正确率（%）	成绩（字/分钟）	正确率（%）	
第1次训练记录							
第2次训练记录							
第3次训练记录							
第4次训练记录							
第5次训练记录							
多元评价（指法训练的经验与不足）							

【任务训练4】

录入下列字符组合，完成基准键位与"G""H"键的指法训练，并将成绩记录在表1-6中。

has	ahd	hak	sah	hjd	has	dhj
dgs	gfa	gas	fgf	kgd	gsk	jgl
aha;	dshs	fdhd;	lhj;	hsal	kdjh	fhaf
dgal;	gddk	sgjl	gsd;	fsfg	ljsl	gslf
jjhh	a; gh	hjsa	kahg	hlga	kgkh	gshs

表1-6 分阶段训练成绩记录表

	初学阶段		巩固阶段		熟练阶段		最佳成绩
	成绩（字/分钟）	正确率（%）	成绩（字/分钟）	正确率（%）	成绩（字/分钟）	正确率（%）	
第1次训练记录							
第2次训练记录							
第3次训练记录							
第4次训练记录							

续 表

	初学阶段		巩固阶段		熟练阶段		最佳成绩
	成绩（字/分钟）	正确率（%）	成绩（字/分钟）	正确率（%）	成绩（字/分钟）	正确率（%）	
第5次训练记录							
多元评价（指法训练的经验与不足）							

三、其他键位的指法训练

1. 上部键位的指法训练

在主键盘区基准键的上方一行上有"QWERTYUIOP"十个字母键，称为上部键位。按照左右手的十指分工，左手的食指负责"T"和"R"两个键位，左手的中指、无名指和小指分别负责"E""W"和"Q"三个键位；右手的食指负责"Y"和"U"两个键位，右手的中指、无名指和小指分别负责"I""O"和"P"三个键位，具体指位如图1-8所示。

图1-8　手指指位示意

在上部键位字符录入时，具体指法要求如下：在录入上部键位字符前，左右手应放在基准键位上。在字符录入时，一只手击键，另一手必须停留在基准键上处于准备状态，击键的手除要击键的那个手指伸屈外，其余手指应随手起落，不能偏离基准键位的上方，以防止回归基准键时出现偏差。在左手录入"Q""W""E""R"四个字母键中某一个键位时，击键的手指竖直抬高1cm左右，左手稍微向左上方击键，在录入"T"字符时，左手向偏右上方向击键，敲击键位后，应立即回到基准键位上。在右手录入"U""I""O""P"四个字母键中某一个键位时，击键的手指竖直抬高1cm左右，右手稍微向右上方击键，在录入"Y"字符时，右手向偏左上的方向击键，敲击键位后，同样，应立即回到基准键位上。

【任务训练5】

录入下列字符，完成上部键位的基本指法训练，并将成绩记录在表1-7中。

u	w	e	r	t	y	u	i	o	p
q	y	w	i	e	o	t	p	u	r
i	o	y	w	p	r	y	t	w	y
p	y	e	i	w	o	r	p	y	w
e	r	w	p	y	t	o	r	p	i
y	i	w	y	e	p	r	i	o	w

表1-7 分阶段训练成绩记录表

	初学阶段		巩固阶段		熟练阶段		最佳成绩
	成绩（字/分钟）	正确率（%）	成绩（字/分钟）	正确率（%）	成绩（字/分钟）	正确率（%）	
第1次训练记录							
第2次训练记录							
第3次训练记录							
第4次训练记录							
第5次训练记录							
多元评价（指法训练的经验与不足）							

【任务训练6】

录入下列上部键位的字符组合，完成左右手的指法切换训练，并将成绩记录在表1-8中。

qq	ww	ee	rr	tt	yy	uu	ii	oo	pp
qy	iw	ot	ru	ro	pw	ue	iw	yq	wy

it	ie	ow	ui	ry	ow	yo	wy	or	wi
uy	wk	iu	qu	er	qy	uo	iu	qr	tu
ty	we	uq	wi	ui	eo	re	yt	we	oe
uw	qo	or	te	uo	iu	tr	ew	po	wp

表1-8　分阶段训练成绩记录表

	初学阶段		巩固阶段		熟练阶段		最佳成绩
	成绩（字/分钟）	正确率（%）	成绩（字/分钟）	正确率（%）	成绩（字/分钟）	正确率（%）	
第1次训练记录							
第2次训练记录							
第3次训练记录							
第4次训练记录							
第5次训练记录							
多元评价（指法训练的经验与不足）							

【任务训练7】

录入下列上部键位的字符组合，完成上部键位的指法训练，并将成绩记录在表1-9中。

qqq	www	eee	rrr	ttt	yyy	uuu	iii	ooo	ppp
quy	iwo	owt	ryu	rqo	pow	yue	wer	yer	qwe
ite	qie	row	pui	try	ouw	you	wwy	oro	ert
wei	uyq	wek	piu	que	eur	qwy	upo	iqu	uip
qro	tuo	ppt	tyw	wee	uqq	wei	uri	eeo	ree
iop	wue	woe	uwq	oor	tup	uou	iou	trr	epw

表1-9　分阶段训练成绩记录表

	初学阶段		巩固阶段		熟练阶段		最佳成绩
	成绩（字/分钟）	正确率（%）	成绩（字/分钟）	正确率（%）	成绩（字/分钟）	正确率（%）	
第1次训练记录							
第2次训练记录							
第3次训练记录							
第4次训练记录							
第5次训练记录							
多元评价（指法训练的经验与不足）							

【任务训练8】

录入上部键位与中部键位的字符组合，并将成绩记录在表1-10中。

qa	ws	ed	rf	tf	yj	ui	jo	ki	lo
p;	gt	hu	ik	dr	yh	lo	ft	hu	yo
you	jio	jop	wer	hou	gou	usa	sou	wey	duo
per	qwj	ghu	kou	fou	fop	tip	tor	joy	ser
qaik	ujrd	pode	htuf	wsik	week	loop	lode	wade	jore

表1-10　分阶段训练成绩记录表

	初学阶段		巩固阶段		熟练阶段		最佳成绩
	成绩（字/分钟）	正确率（%）	成绩（字/分钟）	正确率（%）	成绩（字/分钟）	正确率（%）	
第1次训练记录							
第2次训练记录							
第3次训练记录							
第4次训练记录							

算 机 录
计 项目 入
二 英文录入

续　表

	初学阶段		巩固阶段		熟练阶段		最佳成绩
	成绩（字/分钟）	正确率（%）	成绩（字/分钟）	正确率（%）	成绩（字/分钟）	正确率（%）	
第5次训练记录							
多元评价（指法训练的经验与不足）							

2. 下部键位的指法训练

在主键盘区基准键的下方一行上有"ZXCVBNM"七个字母键，称为下部键位。按照左右手的十指分工，左手的食指负责"V"和"B"两个键位，左手的中指、无名指和小指分别负责"C""X"和"Z"三个键位；右手的食指负责"N"和"M"两个键位，具体指位如图1–9所示。

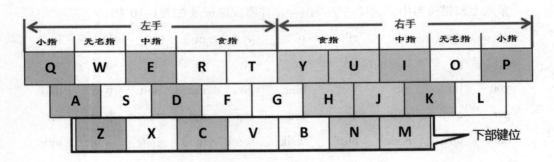

图1–9　下部键位指法示意图

在下部键位字符录入时，具体指法要求如下：在录入下部键位字符前，左右手应放在基准键位上。在字符录入时，一只手击键，另一手必须停留在基准键上处于准备状态，击键的手除要击键的那个手指屈伸外，其余手指应随手起落，不能偏离基准键位的上方，以防止回归基准键时出现偏差。在左手录入"C""X""Z"三个字母键中某一个键位时，击键的手指竖直抬高1cm左右，左手稍微向内偏右方向击键。录入"V""B"二个字母键中某一个键位时，左手向偏右下方向击键，敲击键位后，应立即回到基准键位上。在右手录入"N""M"二个字母键中某一个键位时，右手食指向内偏左下方向击键，敲击键位后，应立即回到基准键位"J"上。

【任务训练9】

录入下列字符，完成下部键位的基本指法训练，并将成绩记录在表1-11中。

z	x	c	v	b	n	m	n	v	x
n	b	c	z	x	m	v	n	v	c
b	c	b	c	b	x	z	v	m	m
m	z	v	c	b	x	b	v	x	z
b	n	c	z	z	c	v	n	n	v
c	x	b	c	x	b	x	v	c	n
m	c	n	z	x	b	c	x	b	m

表1-11　分阶段训练成绩记录表

	初学阶段		巩固阶段		熟练阶段		最佳成绩
	成绩（字/分钟）	正确率（%）	成绩（字/分钟）	正确率（%）	成绩（字/分钟）	正确率（%）	
第1次训练记录							
第2次训练记录							
第3次训练记录							
第4次训练记录							
第5次训练记录							
多元评价（指法训练的经验与不足）							

【任务训练10】

录入下列下部键位的字符组合，完成左右手的指法切换训练，并将成绩记录在表1-12中。

zz	xx	cc	vv	bb	nn	mm	zx	zc
zv	zb	zn	zm	xc	xv	xz	xb	xn
xm	cz	cx	cv	cb	cn	cm	vx	vn
vm	bz	bx	bc	bv	bn	nm	nb	nv
nx	nz	mz	mx	mc	mv	mb	mn	bx

表1-12　分阶段训练成绩记录表

	初学阶段		巩固阶段		熟练阶段		最佳成绩
	成绩（字/分钟）	正确率（%）	成绩（字/分钟）	正确率（%）	成绩（字/分钟）	正确率（%）	
第1次训练记录							
第2次训练记录							
第3次训练记录							
第4次训练记录							
第5次训练记录							
多元评价（指法训练的经验与不足）							

【任务训练11】

录入下部键位的字符组合，完成下部键位指法训练，并将成绩记录在表1-13中。

zzz	xxx	ccc	vvv	bbb	nnn	mmm	zzzz	xxxx	cccc
vvvv	bbbb	nnnn	mmmm	zxc	zcb	zmn	zvb	zvm	xcv
xbn	xmn	cvb	ccb	cnm	cmv	cbn	cvx	cnn	vbx
vbm	vbn	vcx	vcz	vmc	bzx	bbn	bmn	bcx	bxc
bcv	bvb	ncx	nnx	ncz	nmx	nnc	nxv	mcx	mbn
mcv	mcb	mnm	mmc	mvb					

表1-13　分阶段训练成绩记录表

	初学阶段		巩固阶段		熟练阶段		最佳成绩
	成绩（字/分钟）	正确率（%）	成绩（字/分钟）	正确率（%）	成绩（字/分钟）	正确率（%）	
第1次训练记录							
第2次训练记录							
第3次训练记录							
第4次训练记录							

	初学阶段		巩固阶段		熟练阶段		最佳成绩
	成绩 （字/分钟）	正确率 （%）	成绩 （字/分钟）	正确率 （%）	成绩 （字/分钟）	正确率 （%）	
第5次训练记录							
多元评价 （指法训练的经验与不足）							

【任务训练12】

录入下部键位与其它键位的字符组合，并将成绩记录在表1-14中。

zx	zv	bu	by	nt	nr	xy	xt	xh	xw
xm	cw	ca	cr	ch	cj	cl	cq	cg	cs
bu	zu	by	be	bw	bi	bo	bs	ne	no
nf	now	not	new	mon	nth	ber	bee	bed	bye
zou	zer	mod	mer	max	min	doc	vob	vcd	docx
made	make	moon	zero	zhou	zhuo	zhu	bood	blade	black

表1-14　分阶段训练成绩记录表

	初学阶段		巩固阶段		熟练阶段		最佳成绩
	成绩 （字/分钟）	正确率 （%）	成绩 （字/分钟）	正确率 （%）	成绩 （字/分钟）	正确率 （%）	
第1次训练记录							
第2次训练记录							
第3次训练记录							
第4次训练记录							
第5次训练记录							
多元评价 （指法训练的经验与不足）							

四、大小写字母的混合训练

前面的指法训练主要是以小写字母为主。在现实生活中，特别是在输入英文文章时，经常会遇到大小字母的混合输入。在英文输入法状态下，大写字母有两种输入方法。

1. 借助"Shift"键+字母键，实现对应字母的大写输入

在英文输入法状态下，如果字母字符为小写状态时，同时按下"Shift"键和字母键，即可实现该字符大写字母的输入；如果字母字符处于大写状态时，同时按下"Shift"键和字母键，即可实现该字符小写字母的输入。这种方法适合大小写字母切换较少的情况，在使用时，要注意左右手的正确指法。

2. 利用特殊键"Caps Lock"键实现大小写字母的切换

在标准键盘上，"Caps Lock"键一般位于键盘最左侧，与"Tab"键和"Shift"键上下相邻，它的功能是：实现字母键的大小写之间转换。在具体操作中，当敲击"Caps Lock"键后，如果状态区域的〈Caps Lock〉灯亮，这时敲击字母键，即可输入该字符的大写字母；如果状态区域的〈Caps Lock〉灯不亮，这时敲击字母键，则输入该字符的小写字母。"Caps Lock"键只对26个字母的大小写转换有影响。这种方法适用于较多大小写字母切换的输入。

【任务训练13】

录入下列字符，借助"Shift"键实现大小写字母的切换，并将成绩记录在表1-15中。

A s H f g F s Y t c C c H j I g j X n v
M f y L k m S c N k b U d s X G s y H j
y B x N r F q H p w o d S u n I O I g g
f T y f y K W J E y Y s J f u F x H h J
v h F G H w F y H j g j g J F S s G p T

表1-15　分阶段训练成绩记录表

	初学阶段		巩固阶段		熟练阶段		最佳成绩
	成绩（字/分钟）	正确率（%）	成绩（字/分钟）	正确率（%）	成绩（字/分钟）	正确率（%）	
第1次训练记录							
第2次训练记录							

续　表

	初学阶段		巩固阶段		熟练阶段		最佳成绩
	成绩（字/分钟）	正确率（%）	成绩（字/分钟）	正确率（%）	成绩（字/分钟）	正确率（%）	
第3次训练记录							
第4次训练记录							
第5次训练记录							
多元评价（指法训练的经验与不足）							

【任务训练14】

录入下列字符，借助"Caps Lock"键实现大小写字母的切换，并将成绩记录在表1-16中。

S	d	F	h	j	g	J	J	k	y	H
G	h	v	j	k	v	H	H	K	T	v
x	z	J	M	J	e	f	R	F	d	g
t	F	D	g	d	G	D	E	f	e	f
R	G	D	g	d	g	d	F	D	f	d
F	d	f	e	w	a	E	W	D	A	z
g	K	O	O	Y	O	Y	b	f	r	a
R	R	T	Y	v	s	z	g	K	Y	W
T	O	Y	f	w	q	F	M	u	i	A

表1-16　分阶段训练成绩记录表

	初学阶段		巩固阶段		熟练阶段		最佳成绩
	成绩（字/分钟）	正确率（%）	成绩（字/分钟）	正确率（%）	成绩（字/分钟）	正确率（%）	
第1次训练记录							
第2次训练记录							

续 表

	初学阶段		巩固阶段		熟练阶段		最佳成绩
	成绩（字/分钟）	正确率（%）	成绩（字/分钟）	正确率（%）	成绩（字/分钟）	正确率（%）	
第3次训练记录							
第4次训练记录							
第5次训练记录							
多元评价（指法训练的经验与不足）							

五、数字、符号的指法训练

1. 数字键位的基本指法

在标准键盘上，数字键主要分布在两个位置，即主键盘区上方的数字键和键盘最右端数字键区的数字键。

（1）主键盘区上方的数字键

利用主键盘区上方的数字键进行数字录入时，左右手除大拇指外的其余8个手指负责10个数字键，左手的小指、无名指、中指分别负责"1""2"和"3"三个数字键，左手食指负责"4""5"两个数字键；右手的食指负责"6""7"两个数字键，中指、无名指和小指分别负责"8""9""0"三个数字键。具体指法如图1-10所示。

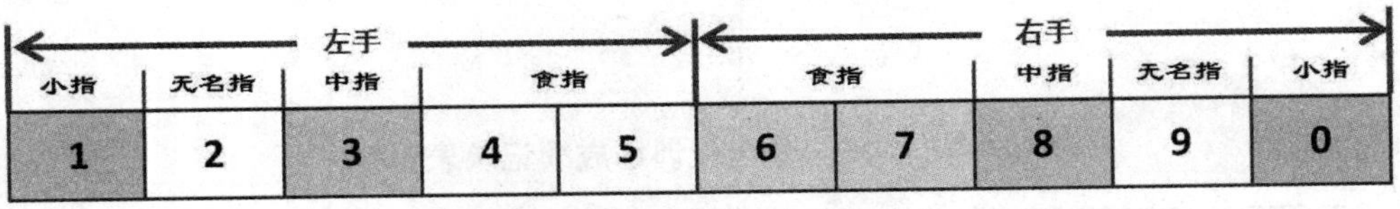

左手					右手				
小指	无名指	中指	食指		食指		中指	无名指	小指
1	2	3	4	5	6	7	8	9	0

图1-10 主键盘区域上数字键指法示意图

（2）键盘最右端数字键区的数字键

键盘最右端数字键区，也叫辅助键区或小键盘区。在小键盘区左上角的"Num Lock"键，负责小键盘区的打开和关闭。当〈Num Lock〉控制灯亮时，小键盘区可以进行数字输入。小键盘区数字键由右手完成控制，其指法要求，如图1-11所示。大拇指负责"0"数字键，食指负责"1""4""7"三个数字键，中指负责"2""5""8"三个数字键，无名指负责"3""6""9"三个数字键。

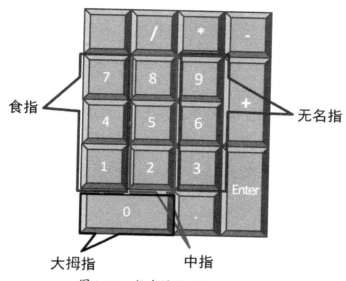

图1-11　数字键区的指法示意图

【任务训练15】

录入下列数字，完成数字键位的指法训练，并将成绩记录在表1-17中。

1	2	3	4	5	6	7	8	9	0
15	13	18	16	28	64	68	55	50	98
123	648	581	98	785	850	106	608	909	504
1654	6820	6879	9710	9764	8464	1023	4657	9000	7860

表1-17　分阶段训练成绩记录表

	初学阶段		巩固阶段		熟练阶段		最佳成绩
	成绩（字/分钟）	正确率（%）	成绩（字/分钟）	正确率（%）	成绩（字/分钟）	正确率（%）	
第1次训练记录							
第2次训练记录							
第3次训练记录							
第4次训练记录							

续 表

	初学阶段		巩固阶段		熟练阶段		最佳成绩
	成绩（字/分钟）	正确率（%）	成绩（字/分钟）	正确率（%）	成绩（字/分钟）	正确率（%）	
第5次训练记录							
多元评价（指法训练的经验与不足）							

2. 符号键位的基本指法

符号键主要分布在主键盘区、数字键（主键盘区上方）和数字键区等区域。一个符号键位通常有上、下两个符号，在输入上档符号时，需借助"Shift"键。此外，符号还有全角和半角两种状态，这两种状态与中英文输入法有关。

【任务训练16】

录入下列符号，完成符号键位的基本指法训练，并将成绩记录在表1-18中。

– _ + { } ; ' > , / + \ |] : " < . /
– , * – + @ # $ (^ * @ ^ * % & < [
( ) , / \ ' . { } . / ' + | (% # !

表1-18 分阶段训练成绩记录表

	初学阶段		巩固阶段		熟练阶段		最佳成绩
	成绩（字/分钟）	正确率（%）	成绩（字/分钟）	正确率（%）	成绩（字/分钟）	正确率（%）	
第1次训练记录							
第2次训练记录							
第3次训练记录							
第4次训练记录							
第5次训练记录							
多元评价（指法训练的经验与不足）							

六、指法的综合训练

指法训练有三个衡量要素，包括是否盲打、录入是否正确和录入速度的快慢。指法训练要求学习者在不看键盘的情况下，能够快速敲击键盘，实现字符的录入。关于录入内容是否正确的问题，通常采用正确率来衡量。正确率是指正确录入字符或单词或汉字的个数占总字符数或总单词数或总汉字数的比率。正确率也是衡量录入工作是否有意义的重要指标，太多错误的录入，是没有现实意义的。录入速度是衡量录入工作效率的重要指标之一，办公室文员和文秘工作者都应该将提升自己的录入速度作为重要目标。

【任务训练17】

录入下列字符。熟悉大小写字母、数字和符号的正确指法运用，并将成绩记录在表1-19中。

```
Wo    de    y    n    ni    ya    22    3434    ju    79+67=    #    jl    ja    GKNGFn
lj    dk    f    j    aB    kh    da    Bh    ;    /    .    ;    jd    sj    f    .    ue    wm
dm    dam    .    dfoew    HDJ    SLJ    FDLJ    dla    [    ]    msd
lfjd    wel    kw    eu    243    nv    8*9    ?    <    >    (    )    1056
```

表1-19 分阶段训练成绩记录表

	初学阶段		巩固阶段		熟练阶段		最佳成绩
	成绩（字/分钟）	正确率（%）	成绩（字/分钟）	正确率（%）	成绩（字/分钟）	正确率（%）	
第1次训练记录							
第2次训练记录							
第3次训练记录							
第4次训练记录							
第5次训练记录							
多元评价（指法训练的经验与不足）							

相关知识

在键盘输入时，应做到十指并用，合理分工。指法训练是一项枯燥、简单、机械的重复活动，因此，在指法训练时，不能急于求成，要确立阶段性目标，要规范动作，坚持掌握正确的指法要领，为以后的提升做好铺垫。

任务3 英文录入训练

任务描述

学员们在刘晓倩的帮助下，认真完成了指法训练任务。为检验指法训练的效果，刘晓倩安排学员们进行英文单词、英文短文的录入训练，并对英文录入训练制定评价等级。

任务实践

针对英文录入训练，可以借助各类录入软件实现技能任务。目前，录入软件种类较多，学习者可以根据自己的习惯和爱好选择某种软件进行训练。

下面以金山打字通2016版为例。获取"金山打字通2016版"软件安装包，根据软件提示，完成软件安装。

一、英文单词录入

英文单词是英文句子、英文文章的基本构成单位，因此，英文单词录入训练是进行英文短句和文章录入前的"热身训练"，也是提升英文文章录入水平的基础。

启动"金山打字通2016"软件，注册用户名并登录后，选择"英文打字"点击进入该模块，出现如图1-12所示界面。首先选择"单词练习"进入，学习者可以在窗口右上部找到"课程选择"下拉框，单击右侧的下拉按钮，将显现课程训练内容，如图1-13所示。这时，学习者可以根据软件上方的录入内容和下方的模拟键盘提示进行英文单词训练。训练结束后，可以查看训练的时间、速度、进度及正确率。

图 1-12 英文打字选择界面

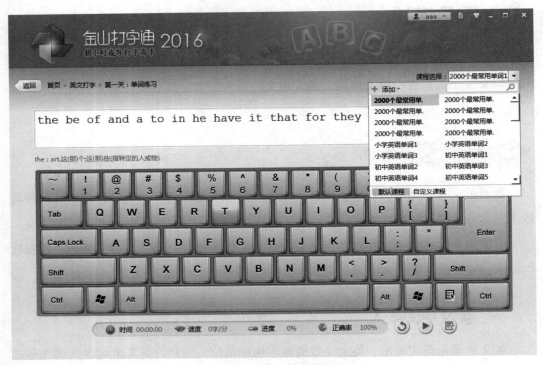

图 1-13 课程训练界面

【任务训练18】

录入下列英文单词，要求正确率为96%以上，将训练情况记录在表1-20中。

the be of and a to in he have it that for they I with as not on she at by this we you do but from or which one would all will there say who make when can more if no man out other so what time up go about than into could state only new year some take come these know see use get like then first any work now may such give

over think most even find day also after way many must look before
great seven through long where much should well people down own just
because good each those feel seem how high too place little world very
still nation hand old life tell write

表1-20 英文录入评价表

	完成时间	正确率	速度	评价等级	多元评价
第1次训练	分 秒	%	字/分钟		
第2次训练	分 秒	%	字/分钟		
第3次训练	分 秒	%	字/分钟		
第4次训练	分 秒	%	字/分钟		
第5次训练	分 秒	%	字/分钟		

二、短文录入训练

英文短文除英文单词外，还包括标点符号、大写字母、数字等内容。学习者可以选择"金山打字通"→"英文打字"→"文章练习"进行训练，任务训练中注意录入速度和正确率的双提升。

【任务训练19】

完成下面短文录入训练。可借助"金山打字通"将下面短文添加到"自定义课程"中，进行录入训练，将训练情况填写到表1-21中。

Whether sixty or sixteen, there is in every human being's heart the lure of wonders, the unfailing childlike appetite of what's next and the joy of the game of living. In the center of your heart and my heart, there is a wireless station: so long as it receives messages of beauty, hope, cheer, courage and power from men and from the infinite, so long are you young.

表1-21 英文录入评价表

	完成时间	正确率	速度	评价等级	多元评价
第1次训练	分 秒	%	字/分钟		
第2次训练	分 秒	%	字/分钟		

续 表

	完成时间	正确率	速度	评价等级	多元评价
第3次训练	分 秒	%	字/分钟		
第4次训练	分 秒	%	字/分钟		
第5次训练	分 秒	%	字/分钟		

【任务训练20】

完成下面短文录入训练。可借助"金山打字通"软件将下面短文添加到"自定义课程"中，进行录入训练，并将训练情况填写到表1-22中。

To be able to motivate oneself, or self-motivate, occurs when a person has the willingness to do something and is internally(内在地)motivated to do it.

Sometimes it's very difficult to get ourselves moving. The natural tendency is to postpone. Life just seems to get in the way! There is a job to go to, groceries to do, television to watch—whoops! I guess we get pretty good at finding excuses to escape getting started on goals like an exercise routine or reading a new book. The fact is that we are creatures of routine and habit. So what can we do to motivate ourselves to accomplish our goals?

Here are some tips on how to get moving:

● Decide what you want. It's hard to motivate an aimless mind. Set a goal and decide how you are going to go about it. Then break it down into smaller sections so it's easier to handle and less overwhelming(势不可挡).

● Keep track of your progress. Keep a log or journal where you can measure how much you have accomplished. Looking at it can also motivate you to keep pushing ahead.

● Post motivating pictures or slogans within your sight. It is always inspiring to see pictures of people who have accomplished what you're going for. It makes it attainable and realistic. Likewise, little slogans like "go for it" or "just do it" can give you the little support you need.

● Sometimes we forget what we set out to do and a little reminder is all we need to be revitalized(激活)and focus on the end result. If you remind yourself to go for the desired promotion，it will re-establish why you are doing what you're doing.

● Make it a habit. Once you have accomplished your objective, e.g. becoming an early riser, keep it up so that it's second nature to you and you don't have to think about it anymore.

表1-22　英文录入评价表

	完成时间	正确率	速度	评价等级	多元评价
第1次训练	分　秒	%	字/分钟		
第2次训练	分　秒	%	字/分钟		
第3次训练	分　秒	%	字/分钟		
第4次训练	分　秒	%	字/分钟		
第5次训练	分　秒	%	字/分钟		

三、英文限时训练

在办公室文员和文秘人员的工作中，经常会遇到重要的、紧急的电子材料录入，这就需要工作人员具备快速、高效的录入技能。在指法训练达到较高水平后，学习者还可以进行英文限时录入训练，以提升在英文录入方面的综合能力。

英文限时训练是指在某个时间段内，录入指定英文内容，借助录入速度（字/分钟）和正确率（正确字数/录入的总字数）两个指标来确定训练等级及成绩。英文限时训练是正确指法训练的提高阶段，因此，建议学习者开始此项任务训练前，能够达到录入速度120字/分钟以上、正确率在95%以上。以金山打字通2016版软件为例，打开"英

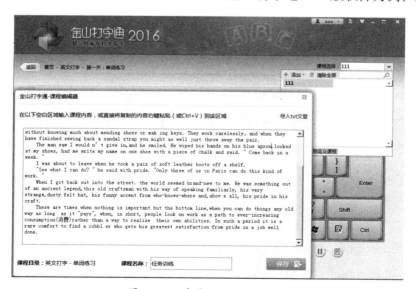

图1-14　自定义课程的添加

文打字"中的"单词练习",在窗口的右上位置,点击"课程选择"下拉选项按钮,选择"自定义课程"选项卡,点击"添加"选项,弹出"课程编辑器"窗口,可以将训练内容粘贴到空白区或导入相应的txt文档,如图1–14所示。

【任务训练21】

录入下面英文文章,将训练情况填写到表格1–23中。达到英文限时训练要求后,再进行定时5分钟训练。

He's an old cobbler with a shop in the Marissa historic area in Paris. When I took him my shoes, he at first told me:"I haven't time. Take them to the other fellow on the main street; he'll fix them for you right away."

But I'd had my eye on his shop for a long time. Just looking at his bench loaded with tools and pieces of leather. I knew he was a skilled craftsman. "No," I replied,"the other fellow can't do it well."

"The other fellow" is one of those shopkeepers who fix shoes and make keys "while–U–wait" without knowing much about mending shoes or making keys. They work carelessly, and when they have finished sewing back a sandal strap you might as well just throw away the pair.

The man saw I wouldn't go, he smiled. He wiped his hands on his blue apron, looked at my shoes, let me write my name on one shoe with a piece of chalk and said, "Come back in a week."

I was about to leave when he took a pair of soft leather boots off a shelf.

"See what I can do?" he said with pride, "Only three of us in Paris can do this kind of work. "

When I got back out into the street, the world seemed brand–new to me. He was something out of an ancient legend, this old craftsman with his way of speaking familiarly, his very strange, dusty felt hat, his funny accent from who–knows–where and above all, his pride in his craft.

These are times when nothing is important but the bottom line, when you can do things any old way as long as it "pays", when, in short, people look on work as a path to ever–increasing consumption rather than a way to realize their own abilities. In such a period, it is a rare comfort to find a cobbler who gets his greatest satisfaction from pride in a job well done.

表1-23　英文录入评价表

	训练时间	正确率	速度	评价等级	多元评价
第1次训练	定时　分	％	字/分钟		
第2次训练	定时　分	％	字/分钟		
第3次训练	定时　分	％	字/分钟		
第4次训练	定时　分	％	字/分钟		
第5次训练	定时　分	％	字/分钟		

【任务训练22】

采用限时训练的方式录入下面英文文章，将训练情况填写到表1-24中。

Oxford University

Oxford University is the oldest university in Britain and one of the world's most famous institutions of higher learning. Oxford University was established during the 1100s. It is located in Oxford, England, about 80 kilometers northwest of London.

The university has over 16,300 students（1999–2000）, almost a quarter of these students are from overseas and more than 130 nationalities are represented. It consists of 35 colleges, plus five private halls established by various religious groups. Three of the five private halls are for men only. Of the colleges, St. Hilda's and Somerville are for women, and the rest are for men and women.

At Oxford, each college is a corporate body distinct from the university and is governed by its own head and fellows. Most fellows are college instructors called tutors, and the rest are university professors and lecturers. Each college manages its own buildings and property, elects its own fellows, selects and admits its own undergraduate students. The university provides some libraries, laboratories, and other facilities, but the colleges take primary responsibility for the teaching and well–being of their students.

Each student at Oxford is assigned to a tutor, who supervises the student's program of study, primarily through tutorials. Tutorials are weekly meetings of one or two students with their tutor. Students may see other tutors for specialized instruction. They may also attend lectures given by university teachers. Students choose which lectures to attend on the basis of

their own special interests and on the advice of their tutors.

The university, not the individual colleges, grants degrees. The first degree in the arts or sciences is the Bachelor of Arts with honors. Oxford also grants higher degrees, diplomas, and certificates in a wide variety of subjects.

The Rhodes scholarship program enables students from the United States, Canada, and many other nations to study at Oxford for a minimum of two years. The British government grants Marshall scholarships to citizens of the United States for study at Oxford and other universities that are located in Britain.

The competition for scholarships and grants is, however, extremely strong and there are usually strict requirements. Students should check carefully that they are eligible to apply for a particular scholarship before making an application as most of the schemes are restricted to certain nationalities and/or programs.

The students and staff at Oxford are actively involved in over 55 initiatives (2001), including visits to more than 3,700 schools and colleges, to encourage the brightest and best students to apply to Oxford, whatever their background.

The university has been named the UK's most innovative university in the Launched 2001 competition, which aimed to discover which British university has demonstrated the greatest achievements in innovation and enterprise across the broadest range of activity. In the national Teaching Quality Assessment exercises for 2000, Oxford was awarded top marks in six out of ten subjects assessed.

Oxford, Stanford and Yale Universities have recently become partners in a joint "distance learning" venture, the Alliance for Lifelong Learning, which will provide online courses in the arts and sciences.

The mission of Oxford is to aim at achieving and maintaining excellence in every area of its teaching and research, maintaining and developing its historical position as a world-class university, and enriching the international, national, and regional communities through the fruits of its research and the skills of its graduates.

In support of this aim the university will provide the facilities and support for its staff to pursue innovative research by responding to developments in the intellectual environment and society at large; and promote challenging and rigorous teaching which benefits from a fruitful interaction with the research environment, facilitating the exchange of ideas through tutorials and small-group learning and exploiting the University's resources in its libraries, museums, and scientific collections, to equip its graduates to play their part at a national and international level.

表1-24　英文录入评价表

	训练时间	正确率	速度	评价等级	多元评价
第1次训练	定时　分	％	字/分钟		
第2次训练	定时　分	％	字/分钟		
第3次训练	定时　分	％	字/分钟		
第4次训练	定时　分	％	字/分钟		
第5次训练	定时　分	％	字/分钟		

 相关知识

一、英文录入的基本知识

1. 大写字母的应用

在英文文章中，句首单词、专有名词（国家名、国际组织、国际会议、条约、文件、书名、期刊名、文章标题等名称）和人名的第一个字母一般须用大写。在指法录入时，需注意大小写字母的切换。

2. 标点符号的应用

在英文录入中，经常遇到句号、分号、逗号及引号等标点符号，这些标点符号在录入时，要根据录入内容的需要，将符号与空格搭配使用。比如，句号用在缩写的末端时，空一个空格再接着录入下一字符或词。需注意：第一，对于缩写的人名，人名中的句号之后可空格也可不空格；第二，人名之后需空一个空格。但有些时候，符号不能与空格键混合使用。比如，引号用来包含所引述的话、书名、戏剧名称、报刊名称等，引号外面空一个空格，里面不空格。撇号（'）用来表示英语的省略写法，还可用在计量、计时、经纬度上，前后均不空格。

二、英文录入的评价指标

根据教学指导方案的课程标准，制定表1-25所示的考核评价标准，录入人员也可以根据学生实践的实际情况，科学合理地制定自己的考核评价标准。

表1-25 英文录入任务训练考核评价标准

评价等级 \ 训练内容		英文单词（测试时间10分钟）	英文文章（测试时间10分钟）
合格	录入速度（字/分钟）	100字/分钟	90字/分钟
	正确率（%）	97%	97%
良好	录入速度（字/分钟）	130字/分钟	140字/分钟
	正确率（%）	98%	98%
优秀	录入速度（字/分钟）	180字/分钟	200字/分钟
	正确率（%）	99%	99%

三、英文录入训练的注意事项

1. 空格的使用。两字之间或标点符号之后的空格是最容易多出来或者遗漏的，特别是录入速度的训练时，存在不应留空格而留空格的情况，这是由于拇指与空格键距离太近，在连续击键的过程中，拇指无意间碰到空格键所导致的。

2. 速度练习中常见的错误。一是把某个手指负责的字键位置弄错，导致录入字符错误；二是击键过快时，击键的先后次序也容易出错；三是在录入过程中，基准键位上的手指偏离或错位，会造成输入结果的面目全非。

3. 上标符号的输入。要输入字符中部分"上标"的符号时，在用左（右）手按下"Shift"键时，必须等到右（左）手击了所需要的符号键之后，左（右）手方可再回到基准键上。

● 项目总结

在指法训练中，要掌握正确的坐姿和正确的指法训练要领，明确左右手的各个手指所负责的键位区域。通过训练，熟记字母键、数字键和符号键的位置，为盲打训练做好准备。在指法训练中，应及时总结成熟经验和存在的问题，纠正自己错误和不规范的操作。此外，学习者还要追求录入的正确率和速度的提升。

项目评价

一、学生评价

1.填写"任务学习情况表"。

对本项目中所涉及的任务进行总结，认真填写表1–26内的内容。

表1–26　任务学习情况表

任务名称	知识点	熟练程度（了解、理解、掌握等描述）	学习方法（总结采用的学习方法）	自我总结（学生根据学习过程进行填写）
任务1　认识键盘结构布局	正确的坐姿要求			
	键盘的分类及键盘的结构布局			
任务2　基本指法训练	正确的基本指法，掌握基准键、上部键位和下部键位的指法要求			
任务3　英文录入训练	通过软件，训练英文单词录入、文章录入的速度及正确率			

2.通过查找资料或网络学习，寻找一款适合指法训练的软件，并向同学推荐。

二、教师评价

1.根据学生的学习情况，总结英文录入的训练策略。

2.对学生、小组在任务学习中的表现进行总结与评价。

3.对任务中出现的各类问题进行分析与总结。

在指法训练中，可以通过各种正规途径，收集整理英文练习的文章或资料，将其整理为训练资料，导入到英文指法训练软件中，开展自我训练、小组测试或录入竞赛等活动。

项目二

中文录入

◉ 项目背景

随着信息技术的发展，中文输入法得到了快速发展和优化，在满足用户需求上，门槛更低，更贴近用户，更方便用户的使用。在许多公司的岗位招聘中，对办公室文员和文秘人员的中文录入水平都有明确要求，要求办公室人员除熟练掌握英文录入外，还要掌握一种或多种中文输入法，并达到中等以上录入水平，因此，中文录入也成为办公室文员、文秘人员及计算机工作者的必备基础技能。

◉ 项目分析

中文录入是指利用计算机等设备进行中文文字处理的一种技术，要求使用者了解常见的中文输入法，掌握特殊符号及其他字符的录入技巧，能够熟练掌握一种以上的中文输入法，具备快速、正确录入中文文章及内容的能力。具体任务如下：

任务1　认识中文输入技术

任务2　拼音输入法

任务3　五笔字型输入法

◉ 项目目标

了解中文输入法的安装、切换和删除方法，掌握拼音输入法和五笔字型输入法的设置，能够熟练运用一种或多种中文输入法进行文章或应用文体的中文录入，具体目标如下：

● 了解几种常见的中文输入法，掌握其安装、切换和删除的操作方法

● 了解拼音输入法的选择及应用，掌握其汉字、词组、短文的录入技巧

● 掌握五笔字型输入法的规则、拆分原则和录入技巧，能够运用某种五笔字型输入法完成汉字、词组等内容的中文输入

◉ 项目实践

在英文录入培训后，公司人事部对学员们进行培训情况调查，调查结果显示，学员们对刘晓倩的指导和培训非常满意。办公室主任王明也对刘晓倩的工作很满意，他又安排刘晓倩负责对各部门的文职人员进行"中文录入"培训 。刘晓倩接到任务后，首先对学员们进行问卷调查，然后制定合理的培训方案，为开展"中文录入"培训做好准备。

任务1 认识中文输入技术

任务描述

刘晓倩在充分了解学员们的情况后，准备向学员们讲授中文输入技术，为学员们提升中文录入等级做好铺垫。

在本次任务中，学员们需要完成以下工作：

◆ 掌握中文输入法的安装、设置和删除等操作方法

◆ 了解常见的中文输入法种类，掌握特殊字符及特殊符号的输入方法

任务实践

一、设置中文输入法

1. 输入法的安装

在安装 Windows 7 操作系统时，安装程序会自动安装微软拼音、智能 ABC 等输入法，如果用户还需要使用其它的一些输入法，这就需要用户自行安装。具体方法如下：

找到任务栏右侧的语言栏图标，单击右键，在弹出的快捷菜单中选择"设

置…"命令，会弹出"文本服务和输入语言"对话框，如图2-1所示。在"常规"选项卡中，单击"添加…"按钮，即可打开"添加输入语言"对话框，如图2-2所示。在复选框中选择要添加的输入法，点击"确定"按钮即可完成输入法的添加。

 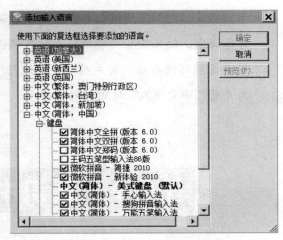

图2-1 "文本服务和输入语言"对话框　　图2-2 "添加输入语言"对话框

2. 输入法之间的切换

在安装多个输入法的操作系统中，用户在文字录入时，只能选择某一种输入法进行文字录入操作，在选择某种输入法后，可以利用输入法切换键（Shift+Ctrl组合键或Ctrl+空格键）实现多种输入法之间的切换，也可以单击"语言栏"图标，在弹出的对话框中，选择需要使用的输入法。如某种输入法前出现"勾选"标志，表明该输入法选中成功，如图2-3所示。

3. 输入法的删除

当某种输入法不再使用时，用户可以将该输入法从语言栏中删除。具体操作方法是，右键单击任务栏右侧的语言栏图标，在弹出的快捷菜单中，选择"设置…"命令，会弹出"文本服务和输入语言"对话框，在"常规"选项卡的"已安装的服务"列表中，选择将要删除的输入法，单击右侧的"删除"按钮即可使该输入法不在语言栏中显示。

图2-3 选择某种输入法

二、常用的中文输入法

借助输入设备进行中文录入的方法有多种途径，如键盘输入、语音输入、手写识别输入、扫描识别输入等。这些输入方法在应用时，需要考虑选用的优缺点。

手写识别技术处于快速发展阶段，相应的硬件设备也发展更新较快，目前，已经解决了手写连笔的识别问题。但在实际应用中，仍存在词组、缩写等无法正确识别的问题。

语音输入技术随着人工智能产业的发展也开始广泛应用，国内以科大讯飞公司的技术最为突出。语音输入技术改变了人们的某些中文录入习惯，但因它需要借助语音进行识别转化成文字，除要求有相对安静的环境外，对地方方言、语音中所出现的人名、地名及生僻字，仍存在无法识别或识别错误的问题。

扫描识别输入是指借助扫描设备和专业软件对扫描的文本文稿、图片、表格等对象进行识别的技术。在大量纸质文本进行计算机录入时，常采用该输入技术。它对文本页面的干净、整洁、字体等都有一定要求，否则，大量的识别错误或乱码，也会给使用者带来繁重的校订工作。

综合以上输入技术，键盘输入技术仍是最常见的、主要的、比较成熟的中文输入技术，更适合办公室文员和文秘人员使用。下面以键盘输入技术为例讲解中文输入法。

输入法是指将各种符号输入到计算机或其他设备（如手机）而采用的编码方法，而不是录入软件。输入法的编码方法包括拼音编码、形码、音形结合码三大类，它必须借助输入法软件才可以在计算机或手机上实现汉字录入。如五笔字型输入法、二笔输入法、自然码输入法、郑码输入法、笔画输入法、仓颉输入法都属于汉字编码方法。

现在比较流行的键盘输入法主要有智能 ABC 输入法、双拼输入法、全拼输入法、微软拼音输入法、搜狗拼音输入法、五笔字型输入法、自然码等。无论使用哪种输入法，都需要用户熟练掌握正确的指法，了解所选用输入法的优缺点，这也是用户实现中文快速录入的基础和条件。目前，常用的中文输入法有以下几种。

1. 智能ABC输入法

智能 ABC 输入法（又称标准输入法）是中文 Windows 3.2 和 Windows 95/98 中自带的一种汉字输入方法，是北京大学朱守涛先生发明的。它简单易学、快速灵活，受到用户的青睐。但是，在日常使用中，许多用户并没有真正掌握这种输入法，而仅仅是将其作为拼音输入法的翻版来使用，这使其强大的功能与便利性没有得到充分的发挥。其输入法状态条如图2-4所示。智能 ABC 输入法状态条上有五个按钮，从左到右依次

为中英文切换按钮、输入法显示及切换、全角/半角切换、中/英文标点切换和显示/隐藏软键盘切换。

图 2-4 智能 ABC 输入法状态条

2. 微软拼音输入法

微软拼音输入法是微软公司开发的汉字拼音输入法，与 Windows 系列操作系统（中文版）捆绑发行，是基于微软公司与哈尔滨工业大学联合研制的输入法开发的。它内置手写输入模块，但需安装插件后才能使用。其状态条如图 2-5 所示，从左到右依次为输入法版本信息及输入法切换、中文/英文输入切换、全角/半角切换、中/英文标点切换、显示/隐藏软键盘切换、开启/关闭输入板、选择搜索提供商和功能菜单。

图 2-5 微软拼音输入法状态条

3. 搜狗拼音输入法

搜狗拼音输入法是搜狗（Sogou）公司于 2006 年 6 月推出的一款汉字输入工具，它是第一款为互联网而生的输入法，通过搜索引擎技术，将互联网变成了一个巨大的"活"词库。网民们不仅仅是词库的使用者，同时也是词库的生产者。2009 年 9 月开始，搜狗输入法陆续推出 Android、IOS 版本，现已成为智能手机时代最强大的第三方输入法之一。其状态条如图 2-6 所示，从左到右依次为自定义状态栏、中文/英文输入切换、中/英文标点切换、表情、语音输入、显示/隐藏软键盘切换、注册用户信息、皮肤盒子和工具箱。

图 2-6 搜狗拼音输入法状态条

4. 王码五笔字型输入法

五笔字型输入法是王永民在 1983 年 8 月发明的一种汉字输入法。它完全依据笔画和字形特征对汉字进行编码，是典型的形码输入法。五笔输入法自 1983 年诞生以来，共有三代定型版本：第一代的 86 版、第二代的 98 版和第三代的新世纪版（新世纪五笔字型输入法），这三种五笔统称为王码五笔。至于 WB18030，其核心编码仍是第一代的 86 版，它是 86 版的一个"修正版"。五笔字型输入法主要应用于使用简体中文的中国大陆，由于它一个字最多只有四个码，且重码率极低，是一种比拼音输入法更便捷的中文输入法。目前影响最大、流行最广的是86版五笔编码方案，它的字根体系更加符合分区划位规律，更加科学易记而实用，拆字更加规范，取码输入更加得心应手。其状态条如图2-7所示，从左到右依次为中文/英文输入切换、属性等设置、全角/半角切换、中/英文标点切换、显示/隐藏软键盘切换。

图2-7 五笔字型输入法状态条

5. 万能五笔输入法

万能系列产品主要有"万能快笔""万能五笔""万能英译""万能拼音""万能笔画"等，软件发明人是邓世强。万能输入法起步于"音形码"，也叫"快笔"，名字来源于其输入速度较"快"。早在1995年"快笔"就得到国家的认可，是我国真正获得发明专利证书的中文输入法。该输入法实现了从单一的编码方案向多元的编码方案的转变，并在1997年获得第二个专利方案，标志着中国第一个"多元输入法"的诞生，打破了传统单一输入法只能单向编码的历史禁锢，在输入法发展史上写下了光辉的一页。传统五笔字型的优点在于重码少、速度快，其缺点是汉字的拆分困难、难学易忘。万能五笔在原理与实践上均优于传统五笔字型。其状态条如图2-8所示，从左到右依次为自定义状态栏、中文/英文输入切换、全角/半角切换、中/英文标点切换、显示/隐藏软键盘切换、注册用户登录、中文简体/繁体切换、皮肤盒子和主菜单。

图2-8 万能五笔输入法状态条

6. 极品五笔输入法

极品五笔输入法是一种用Windows自带的输入法生成器制作的输入法，采用86版五笔字根集，支持GB2312符集，能打出6763个简体字和少数GBK汉字，完美兼容王码五笔字型4.5版。该输入法能够适应多种操作系统，通用性能较好，收录词组46000余条。在完全支持GB2312-80简体汉字字符集的基础上，极品五笔还增加了部分GBK汉字，避免了传统五笔对于"镕""了（望）""啰（嗦）""芫""右"等繁体难解的汉字不能输入的情况。其状态条如图2-9所示，从左到右依次为中文/英文输入切换、属性设置、全角/半角切换、中/英文标点切换、显示/隐藏软键盘切换。

图2-9　极品五笔输入法状态条

三、特殊字符及特殊符号的输入

在中文录入中，也常输入一些特殊字符，如偏旁部首、单位符号、希腊字母、制表符、特殊符号等。在中文录入中，特殊字符和特殊符号的录入，不同于英文输入中的特殊符号录入，在英文状态下，某些特殊字符的录入主要是左右手配合完成键盘上的指法敲入，而中文录入中的特殊字符，除直接借助输入法外，还需要借助软键盘、插入符号等完成。

1. 偏旁部首

在中文录入中，如遇到偏旁部首的录入，可以借助五笔字型输入法来完成，偏旁部首的录入方法与成字字根的输入方法相同，在输入时击键的顺序是：字根键位、首笔画代码、次笔画代码、末笔画代码，如录入偏旁部首的击键不足四键，需补空格。

【任务训练1】

下面给出一些常用的偏旁部首，请根据击键提示完成偏旁部首的录入。

丨: hhl	⺗: oyyy	犭: qte	亻: qnb	讠: yyn
夊: ttn	衤: pui	忄: nyhy	冫: uyg	艹: aghh
弋: agny	糹: xiu	乍: thf	弁: caj	夭: tdi
奚: exd	巛: vnnn	彐: vngg	疋: nhi	屮: bhk
廾: agt	毛: tav	阝: bnh	彡: ett	亘: gjg
不: gii	纟: xxx	辶: pyny	忄: nyhy	殳: mcu

2. 特殊符号

在中文录入中，可能会遇到一些特殊符号的录入，如单位符号、制表符、希腊字母、大写金额等，用户可以借助各类输入法的软键盘实现特殊符号的录入。以搜狗拼音输入法为例，在输入法的状态栏上右击打开"软键盘"，如图2-10所示，可以根据需要选择"PC键盘""希腊字母"等命令，在弹出对应的软键盘中，选择要输入的内容即可。

软键盘的功能非常强大，常用的软键盘种类有"希腊字母""拼音字母""标点符号""数字序号""中文数字"，分别如图2-11、图2-12、图2-13、图2-14、图2-15所示。

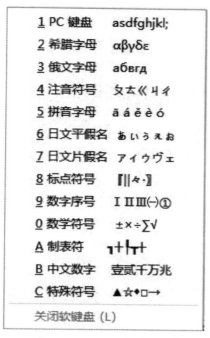

图 2-10 "软键盘"界面

图 2-11 希腊字母软键盘

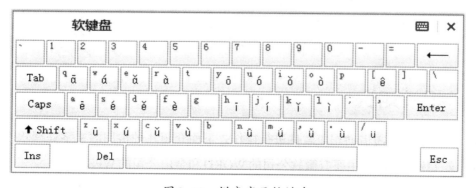

图 2-12 拼音字母软键盘

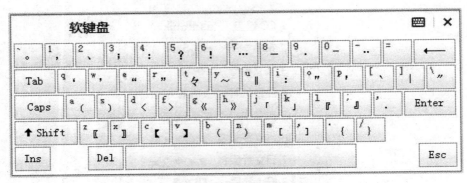

图2-13 标点符号软键盘

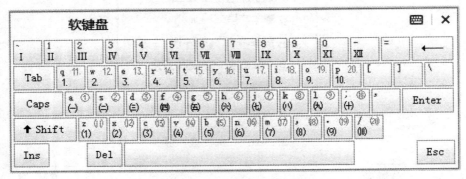

图2-14 数字序号软键盘

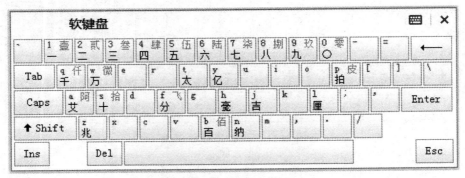

图2-15 中文数字软键盘

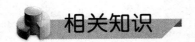相关知识

　　中文文字录入需借助相应软件进行操作,下面介绍几种常用的文字处理软件。常见的中文文字处理软件主要有微软公司的WORD和金山公司的WPS。

1. 最流行的文字处理软件（WORD）

在 Windows 操作系统发展的过程中，面向办公对象的 OFFICE 软件发挥着重要作用，它包含多种面向不同对象的具体软件，如 WORD、EXCEL 等软件。WORD 是专门用于文字处理的一种软件，可用于文档编辑、文字处理、图文混排、输出打印等功能。根据用户需求，它经历了 Word97、Word2000、Word2003、Word2007、Word2010、Word2016 等版本。它的主要功能与特点可以概括为以下几点：所见即所得、直观的操作界面、多媒体混排、强大的制表功能、自动功能、模板与向导功能、丰富的帮助功能、WEB 工具支持、超强兼容性、强大的打印功能等。

2. 最好用的国产文字处理软件（WPS）

金山 WPS 是金山软件公司在 1989 年正式推向市场的一款软件，WPS 是 Word Processing System 的英文缩写。它集编辑与打印为一体，具有丰富的全屏幕编辑功能，而且还提供了各种控制输出格式及打印的功能，使打印出的文稿既美观又规范，基本上能满足各界文字工作者编辑、打印各种文件的需要和要求。

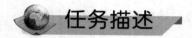

任务描述

拼音输入法对于借助计算机工作或经常网络聊天的人们并不陌生,只要会汉语拼音就可以使用拼音输入法打字,所以拼音输入法成为人们中文录入的首选。随着网络词汇和新词语的增加,拼音输入法也逐步改进和完善其功能,并借助新功能、新特性吸引了越来越多用户使用。刘晓倩顺势利导,给出具体学习任务。

在本次任务中,学员们需要完成以下工作:

◆ 掌握汉语拼音的基本知识,能够正确使用拼音输入法进行汉字录入

◆ 能够正确录入常见汉字、词组和短文,并达到一定等级

任务实践

一、常见汉字录入

汉字是汉语的书写文字,每个字代表一个音节。中国大陆以普通话作为标准读音,普通话的音节由一个声母、一个韵母及声调确定,实际用到1300多个音节。由于汉字数目庞大,存在着大量的同音字现象,同时还存在一字多音的现象,这种情况在各种地方方言中也是普遍存在的。

拼音输入法是利用汉字发音规范进行汉字录入的一种方法,学习者只有掌握了正确的发音和正确的拼音方法,才能在录入文字时不出错或降低出错的频率,才能有助于录入速度和工作效率的提升。汉字的单字录入训练以读音易混淆汉字、平翘舌发音易混淆汉字、使用频率较高的汉字为主。

【任务训练2】

录入下列汉字,掌握其音节与字符输入的对应关系,并将成绩记录在表2-1中。

蹦 耍 德 扰 直 返 凝 秋 淡 丝 炯 粗 袄 瓮 癣 儿 履

告 筒 猫 囊 驯 辱 碟 栓 来 顶 墩 忙 哀 霎 果 憋 捺
装 群 精 唇 亮 馆 符 肉 梯 船 溺 北 剖 民 邀 旷 暖
快 酒 除 缺 杂 搜 税 脾 锋 日 贼 孔 哲 许 尘 谓 忍
填 颇 残 涧 穷 歪 雅 捉 凑 怎 虾 冷 躬 莫 虽 绢 挖
伙 聘 英 条 笨 敛 墙 岳 黑 巨 访 自 毁 郑 浑

表2-1 阶段训练成绩记录表

	初学阶段		巩固阶段		熟练阶段		最佳成绩
	成绩（字/分钟）	正确率（%）	成绩（字/分钟）	正确率（%）	成绩（字/分钟）	正确率（%）	
第1次训练记录							
第2次训练记录							
第3次训练记录							
第4次训练记录							
第5次训练记录							
多元评价（拼音输入的易错纠正或技巧）							

汉字注音如下，请体会与键盘输入字符之间的关系。

蹦（bèng） 耍（shuǎ） 德（dé） 扰（rǎo） 直（zhí） 返（fǎn） 凝（níng） 秋（qiū）
淡（dàn） 丝（sī） 炯（jiǒng） 粗（cū） 袄（ǎo） 瓮（wèng） 癣（xuǎn） 儿（ér）
履（lǚ） 告（gào） 筒（tǒng） 猫（māo） 囊（náng） 驯（xùn） 辱（rǔ） 碟（dié）
栓（shuān） 来（lái） 顶（dǐng） 墩（dūn） 忙（máng） 哀（āi） 霎（shà）
果（guǒ） 憋（biē） 捺（nà） 装（zhuāng） 群（qún） 精（jīng） 唇（chún）
亮（liàng） 馆（guǎn） 符（fú） 肉（ròu） 梯（tī） 船（chuán） 溺（nì） 北（běi）
剖（pōu） 民（mín） 邀（yāo） 旷（kuàng） 暖（nuǎn） 快（kuài） 酒（jiǔ）
除（chú） 缺（quē） 杂（zá） 搜（sōu） 税（shuì） 脾（pí） 锋（fēng） 日（rì）
贼（zéi） 孔（kǒng） 哲（zhé） 许（xǔ） 尘（chén） 谓（wèi） 忍（rěn）
填（tián） 颇（pō） 残（cán） 涧（jiàn） 穷（qióng） 歪（wāi） 雅（yǎ）
捉（zhuō） 凑（còu） 怎（zěn） 虾（xiā） 冷（lěng） 躬（gōng） 莫（mò）

虽（suī） 绢（juàn） 挖（wā） 伙（huǒ） 聘（pìn） 英（yīng） 条（tiáo） 笨（bèn）

敛（liǎn） 墙（qiáng） 岳（yuè） 黑（hēi） 巨（jù） 访（fǎng） 自（zì） 毁（huǐ）

郑（zhèng） 浑（hún）

【任务训练3】

录入下列汉字，掌握其音节与字符输入的对应关系，并将成绩记录在表2-2中。

眠 表 煤 劣 恩 乃 丢 按 曰 烫 取 洲 水 盒 犬 射 砍

鬓 姚 滩 甩 动 囊 浸 卵 困 钾 顾 雅 愣 槽 座 吻 升

德 喘 疲 三 巡 叮 墙 次 团 捏 贼 广 荣 癣 仪 怕 朽

菊 缩 柔 丝 迷 纷 卒 欠 蒸 梁 崔 怎 榻 宠 君 苦 怀

翁 纸 齐 挂 斜 登 袍 闰 绝 拍 炯 缫 莫 桶 拙 嫩 刚

扯 报 马 吠 刷 环 仿 曰 汪 用 诸 罢 岭 播 二

表2-2　分阶段训练成绩记录表

	初学阶段		巩固阶段		熟练阶段		最佳成绩
	成绩（字/分钟）	正确率（%）	成绩（字/分钟）	正确率（%）	成绩（字/分钟）	正确率（%）	
第1次训练记录							
第2次训练记录							
第3次训练记录							
第4次训练记录							
第5次训练记录							
多元评价（拼音输入的易错纠正或技巧）							

汉字注音如下，请体会与键盘输入字符之间的关系。

眠（mián） 表（biǎo） 煤（méi） 劣（liè） 恩（ēn） 乃（nǎi） 丢（diū）

按（àn） 曰（yuē） 烫（tàng） 取（qǔ） 洲（zhōu） 水（shuǐ） 盒（hé）

犬（quǎn） 射（shè） 砍（kǎn） 鬓（bìn） 姚（yáo） 滩（tān） 甩（shuǎi）

动（dòng） 囊（náng） 浸（jìn） 卵（luǎn） 困（kùn） 钾（jiǎ） 顾（gù）

雅（yǎ） 愣（lèng） 槽（cáo） 座（zuò） 吻（wěn） 升（shēng） 德（dé）

喘（chuǎn）　疲（pí）　三（sān）　巡（xún）　叮（dīng）　墙（qiáng）　次（cì）

团（tuán）　捏（niē）　贼（zéi）　广（guǎng）　荣（róng）　癣（xuǎn）　仪（yí）

怕（pà）　朽（xiǔ）　菊（jú）　缩（suō）　柔（róu）　丝（sī）　迷（mí）　纷（fēn）

卒（zú）　欠（qiàn）　蒸（zhēng）　梁（liáng）　崔（cuī）　怎（zěn）　榻（tà）

宠（chǒng）　君（jūn）　苦（kǔ）　怀（huái）　翁（wēng）　纸（zhǐ）　齐（qí）

挂（guà）　斜（xié）　登（dēng）　袍（páo）　闰（rùn）　绝（jué）　拍（pāi）

炯（jiǒng）　缫（sāo）　莫（mò）　桶（tǒng）　拙（zhuō）　嫩（nèn）　刚（gāng）

扯（chě）　报（bào）　马（mǎ）　吠（fèi）　刷（shuā）　环（huán）　仿（fǎng）

日（rì）　汪（wāng）　用（yòng）　诸（zhū）　罢（bà）　岭（lǐng）　播（bō）　二（èr）

二、常见词组录入

在使用拼音输入法录入词组时，学习者既要了解输入法的特性，还要掌握词组录入的技巧。要提高词组的录入速度，除需熟练掌握指法外，还可以通过减少击键次数、词组快录、设置常用词组频率记忆等方法提高录入水平。

1. 使用隔音符

有些词组在音节拼写时必须用到隔音符号，例如"西安"的正确键盘录入应该是"xi'an"；"饥饿"的正确键盘录入应该是"ji'e"；"档案"的正确键盘录入应该是"dang'an"。

2. 使用全拼录入

全拼录入是指用户按规范的汉语拼音输入，输入过程和书写汉语拼音的过程完全一致。这种录入方法适合于对汉语拼音比较熟练的用户使用，可以提高词组录入的准确性。例如"调整"的正确键盘录入应该是"tiaozheng"；"挂帅"的正确键盘录入应该是"guashuai"。

3. 使用简拼录入

简拼录入是指用户不完全按照汉语拼音输入，减少录入的字符数量的录入方法。这种录入方法适合对汉语拼音把握不太准确的用户使用。在具体应用时，可以取各个音节的第一个字母组成，对于包含 zh、ch、sh 的音节，也可以取前两个字母组成，即取词组中每个汉字的声母。例如"计算机"的简拼录入可以是"jsj"；"长城"的简拼录入可以是"cc"或"cch"或"chch"。

4. 使用混合录入

混合录入是指用户可以取词组中某个字的全拼，其它字取其声母或第一个字符。

这种录入方法适合对拼音输入法较为熟练的用户使用。例如"录入"的混合录入可以输入"lur"或"lru";"科学技术"的混合录入可以输入"kexjs"或"kxuejsh"或"kxjis"或"kxjshu"。

【任务训练4】

录入下列词组,并将训练成绩记录在表2-3中。

损坏	昆虫	兴奋	恶劣	挂帅	针鼻儿	排斥	采取	利索
荒谬	少女	电磁波	愿望	恰当	若干	加塞儿	浪费	苦衷
降低	夜晚	小熊	存留	上午	按钮	佛教	新娘	逗乐儿
全面	包括	不用	培养	编纂	扎实	推测	吵嘴	均匀
收成	然而	满口	怪异	听话	大学生	发作	侵略	钢铁
孩子	光荣	前仆后继						

表2-3 分阶段训练成绩记录表

	初学阶段		巩固阶段		熟练阶段		最佳成绩
	成绩（字/分钟）	正确率（%）	成绩（字/分钟）	正确率（%）	成绩（字/分钟）	正确率（%）	
第1次训练记录							
第2次训练记录							
第3次训练记录							
第4次训练记录							
第5次训练记录							
多元评价（词组录入的技巧）							

词组的读音如下,请体会与键盘录入字符之间的关系。

损坏（sǔn huài） 昆虫（kūn chóng） 兴奋（xīng fèn） 恶劣（è liè）

挂帅（guà shuài） 针鼻儿（zhēn bír） 排斥（pái chì） 采取（cǎi qǔ）

利索（lì suo） 荒谬（huāng miù） 少女（shào nǚ） 电磁波（diàn cí bō）

愿望（yuàn wàng） 恰当（qià dàng） 若干（ruò gān） 加塞儿（jiā sāir）

浪费（làng fèi） 苦衷（kǔ zhōng） 降低（jiàng dī） 夜晚（yè wǎn）

小熊（xiǎo xióng） 存留（cún liú） 上午（shàng wǔ） 按钮（àn niǔ）

佛教（fó jiào） 新娘（xīn niáng） 逗乐儿（dòu lèr） 全面（quán miàn）

包括（bāo kuò） 不用（bù yòng） 培养（péi yǎng） 编纂（biān zuǎn）

扎实（zhā shi） 推测（tuī cè） 吵嘴（chǎo zuǐ） 均匀（jūn yún）

收成（shōu cheng） 然而（rán ér） 满口（mǎn kǒu） 怪异（guài yì）

听话（tīng huà） 大学生（dà xué shēng） 发作（fā zuò） 侵略（qīn lüè）

钢铁（gāng tiě） 孩子（hái zi） 光荣（guāng róng） 前仆后继（qián pū hòu jì）

【任务训练5】

录入下列词组，掌握专业术语、地名、人名、单位名、专有名词等特殊词组的录入技巧，并将训练成绩记录在表2-4中。

人社局	物价局	工商银行	有限公司	山东省	吉林省
何明哲	拉萨市	职业技术	中央电视台	朝阳路	幼儿园
群众路线	全国人民代表大会	齐鲁晚报	文化路	趵突泉	
昆明市	华夏银行	中国网通	燃气公司	速录师	神舟飞船
乌鲁木齐	保险公司	姚明	技能培训	研究生	朱自清
人事总监	应聘者	董事长	总经理	操作系统	办公软件

表2-4 分阶段训练成绩记录表

	初学阶段		巩固阶段		熟练阶段		最佳成绩
	成绩（字/分钟）	正确率（%）	成绩（字/分钟）	正确率（%）	成绩（字/分钟）	正确率（%）	
第1次训练记录							
第2次训练记录							
第3次训练记录							
第4次训练记录							
第5次训练记录							
多元评价（词组录入的技巧）							

【任务训练6】

录入下列四字成语，并将训练成绩记录在表2-5中。

春华秋实	唇亡齿寒	当之无愧	道听途说	得陇望蜀	滴水穿石
断壁残垣	风调雨顺	峰回路转	赴汤蹈火	刚正不阿	高屋建瓴
高瞻远瞩	各得其所	各行其是	根深蒂固	功亏一篑	骇人听闻
厚此薄彼	焕然一新	豁然开朗	鸡犬相闻	记忆犹新	家喻户晓
坚定不移	见异思迁	今非昔比	斤斤计较	津津有味	惊涛骇浪
精打细算	精雕细刻	井然有序	迥然不同	居高临下	举世闻名
举一反三	可歌可泣	刻舟求剑	扣人心弦	苦口婆心	脍炙人口
滥竽充数	理直气壮	力挽狂澜	历历在目	两全其美	流离失所
流连忘返	络绎不绝	落英缤纷	买椟还珠	满载而归	漫不经心
毛遂自荐	茅塞顿开	门庭若市	称心如意	变幻莫测	别具匠心

表2-5 分阶段训练成绩记录表

	初学阶段		巩固阶段		熟练阶段		最佳成绩
	成绩（字/分钟）	正确率（%）	成绩（字/分钟）	正确率（%）	成绩（字/分钟）	正确率（%）	
第1次训练记录							
第2次训练记录							
第3次训练记录							
第4次训练记录							
第5次训练记录							
多元评价（词组录入的技巧）							

四字成语的读音如下，请体会与键盘录入字符之间的关系。

春华秋实（chūn huá qiū shí） 唇亡齿寒（chún wáng chǐ hán）

当之无愧（dāng zhī wú kuì） 道听途说（dào tīng tú shuō）

得陇望蜀（dé lǒng wàng shǔ） 滴水穿石（dī shuǐ chuān shí）

断壁残垣（duàn bì cán yuán） 风调雨顺（fēng tiáo yǔ shùn）

峰回路转（fēng huí lù zhuǎn）　　　赴汤蹈火（fù tāng dǎo huǒ）

刚正不阿（gāng zhèng bù ē）　　　高屋建瓴（gāo wū jiàn líng）

高瞻远瞩（gāo zhān yuǎn zhǔ）　　各得其所（gè dé qí suǒ）

各行其是（gè xíng qí shì）　　　根深蒂固（gēn shēn dì gù）

功亏一篑（gōng kuī yī kuì）　　　骇人听闻（hài rén tīng wén）

厚此薄彼（hòu cǐ bó bǐ）　　　焕然一新（huàn rán yī xīn）

豁然开朗（huò rán kāi lǎng）　　　鸡犬相闻（jī quǎn xiāng wén）

记忆犹新（jì yì yóu xīn）　　　家喻户晓（jiā yù hù xiǎo）

坚定不移（jiān dìng bù yí）　　　见异思迁（jiàn yì sī qiān）

今非昔比（jīn fēi xī bǐ）　　　斤斤计较（jīn jīn jì jiào）

津津有味（jīn jīn yǒu wèi）　　　惊涛骇浪（jīng tāo hài làng）

精打细算（jīng dǎ xì suàn）　　　精雕细刻（jīng diāo xì kè）

井然有序（jǐng rán yǒu xù）　　　迥然不同（jiǒng rán bù tóng）

居高临下（jū gāo lín xià）　　　举世闻名（jǔ shì wén míng）

举一反三（jǔ yī fǎn sān）　　　可歌可泣（kě gē kě qì）

刻舟求剑（kè zhōu qiú jiàn）　　　扣人心弦（kòu rén xīn xián）

苦口婆心（kǔ kǒu pó xīn）　　　脍炙人口（kuài zhì rén kǒu）

滥竽充数（làn yú chōng shù）　　　理直气壮（lǐ zhí qì zhuàng）

力挽狂澜（lì wǎn kuáng lán）　　　历历在目（lì lì zài mù）

两全其美（liǎng quán qí měi）　　　流离失所（liú lí shī suǒ）

流连忘返（liú lián wàng fǎn）　　　络绎不绝（luò yì bù jué）

落英缤纷（luò yīng bīn fēn）　　　买椟还珠（mǎi dú huán zhū）

满载而归（mǎn zài ér guī）　　　漫不经心（màn bù jīng xīn）

毛遂自荐（máo suì zì jiàn）　　　茅塞顿开（máo sè dùn kāi）

门庭若市（mén tíng ruò shì）　　　称心如意（chèn xīn rú yì）

变幻莫测（biàn huàn mò cè）　　　别具匠心（bié jù jiàng xīn）

三、短文录入训练

　　无论是单字录入，还是词组录入，都是为进行短文或各类材料文章录入做准备。
在短文录入中，学习者要具有一定的汉语语言功底，能够准确断字断句，灵活掌握字、

词组、短句、专有名词等内容的录入技能，准确地完成中文文章内容的录入。

【任务训练7】

录入下面短文，总结在短文录入中运用的技巧，并将训练成绩记录在表2-6中。

有这样一个故事。

有人问：世界上什么东西的气力最大？回答纷纭的很，有的说"象"，有的说"狮"，有人开玩笑似的说是"金刚"，金刚有多少气力，当然大家全不知道。结果，这一切答案完全不对，世界上气力最大的，是植物的种子。

一粒种子所可以显现出来的力，简直是超越一切。人的头盖骨，结合得非常致密与坚固，生理学家和解剖学者用尽了一切的方法，要把它完整地分出来，都没有这种力气。后来忽然有人发明了一个方法，就是把一些植物的种子放在要剖析的头盖骨里，给它以温度与湿度，使它发芽。一发芽，这些种子便以可怕的力量，将一切机械力所不能分开的骨骼，完整地分开了。植物种子的力量之大，如此如此。这，也许特殊了一点儿，常人不容易理解。那么，你看见笋的成长吗？你看见过被压在瓦砾和石块下面的一颗小草的生长吗？它为着向往阳光，为着达成它的生之意志，不管上面的石块如何重，石与石之间如何狭窄，它必定要曲曲折折、顽强不屈地透到地面上来。它的根向土壤里钻，它的芽往地面上挺，这是一种不可抗的力，阻止它的石块，结果也被它掀翻，一粒种子的力量之大，让我们感到震惊。

表2-6　分阶段训练成绩记录表

	初学阶段		巩固阶段		熟练阶段		最佳成绩
	成绩（字/分钟）	正确率（%）	成绩（字/分钟）	正确率（%）	成绩（字/分钟）	正确率（%）	
第1次训练记录							
第2次训练记录							
第3次训练记录							
第4次训练记录							
第5次训练记录							
多元评价（短文录入技巧）							

【任务训练8】

录入下面短文，总结在短文录入中运用的技巧，并将训练成绩记录在表2-7中。

工作总结

元旦临近，本年度的工作即将结束。在过去的一年里，在领导和同事的关心和帮助下，我已完全融入到了公司这个大家庭中，个人的工作技能和工作水平有了显著的提高。现将我一年来的工作情况简要总结如下：

一、端正态度，尽快适应工作岗位

办公室作为公司运转的一个重要枢纽部门，也是单位内外工作沟通、协调、处理的综合部门，这就决定了办公室工作的繁杂性。由于我们办公室人手少，工作量大，我与其他同事共同协作、共同努力，在遇到不懂的地方及时请教学习，优质高效地完成领导交办的各项任务。在这一年里，遇到各类活动和接待，我都能够积极配合，做好后勤保障工作，与同事心往一处想，劲往一处使，不计较干多干少，只希望把领导交办的事情办妥、办好。

二、加强学习，注重自身素质修养和提高

记得公司王总每次开会都说："'固步自封，夜郎自大'这两个成语，虽然只有八个字，但所表达的意思却是深远的，要求我们必须具有先进的观念，要用科学发展的眼光看待一切，才能适应社会未来的发展。"因此，我通过网络、书籍及各类文件资料的学习，不断提高了自己的思想觉悟和业务水平。工作中，能从公司大局出发，从公司整体利益出发，凡事都为公司着想，同事之间互帮互助，并保持融洽的工作气氛，形成了和谐、默契的工作氛围。另外，我还注重从工作及现实生活中汲取营养，认真学习文秘写作、个人发展规划、宣传推介、档案管理等相关业务知识。同时，虚心向领导、同事请教，取长补短，增强自己的服务意识和大局意识。对办公室工作，能够提前思考，对任何工作都能做到计划性强、可操作性强、落实快捷等。

三、严格要求自我，坚持做事与做人原则，认真做好常规工作

1.出勤方面，每天都能提前到达办公室，做好上班前的相关工作准备，并能及时打扫办公室卫生及环境整理等。

2.公文处理方面，严格按照公司公文处理办法中所规定的程序办事。发文时，能严格按照拟稿、核稿、会签、签发、印制、盖章、登记、发文等程序办理；收文时，按照收文登记、拟办、批办、分送、催办、归档等程序办理，没有出现错误的公文处理程序。

3.纸张文档、电子文档的归档整理方面。在工作中，我特别注意对纸张资料的整理和保存，将有用的及时保存、归档，对于没用的及时销毁。因为很多文字性工作都是电脑作业，所以我在电脑中建立了个人工作资料档案库，并于每周星期五把工作过的资料集中整理，分类保存，以便今后查找。

4.关系处理方面，在工作上能做到主动补位。能与其他部门人员加强沟通，密切配合，互相支持，保证整体工作不出现纰漏。在工作中，我自己确定了一条工作原则，属于自己的工作要保质保量完成，不属于自己工作范围的也要配合其他人员，做到了主动帮忙、热情服务。

四、严格要求自己，时刻警醒

在工作中，我努力从每一件事情上进行总结，不断摸索，掌握方法，提高工作效率和工作质量，因为自己还是新同志，在为人处事、工作经验等方面经验还不足，在平时工作和生活中，我都能够做到虚心向老同志学习、请教，学习他们的长处，反思自己不足，不断提高业务素质。

五、存在的不足

1.岗位意识还有待进一步提高。有时存在工作受情绪影响，存在自我放松的情况。由于办公室的工作繁杂，处理事情必须快、精、准。在这方面，我还有很多不足，比如在作会议记录时，没有抓住重点，记录不全，导致遗漏一些重要内容。

2.对工作程序掌握不充分，在工作中偶尔会遇到手忙脚乱的情况。

六、今后努力的方向

1.今后在工作中还需多向领导、同事虚心请教学习，要多与大家进行协调、沟通，从大趋势、大格局中去思考、去谋划、取长补短，提高自身的工作水平。

2.必须提高工作质量，要具备强烈的事业心、高度的责任感。在每一件事情做完以后，要进行思考、总结，真正使本职工作有计划、有落实。尤其是要找出工作中的不足，善于自我反省。

3.提升自我的综合业务能力。在日常工作、会议、领导讲话等场合，做到有集中的注意力、灵敏的反应力、深刻的理解力、牢固的记忆力、机智的综合力和精湛的品评力；在办事过程中，做到没有根据的话不说，没有把握的事不做，不轻易许愿，言必行，行必果。

这一年来，我从思想认识上、业务及理论知识上有了明显提高，这些进步与公司领导、同事们对我的极大支持和帮助是分不开的，在此，我表示衷心的感谢和致敬！在新的一年里，我将更加努力工作，发扬成绩，改正不足。

表2-7 分阶段训练成绩记录表

	初学阶段		巩固阶段		熟练阶段		最佳成绩
	成绩（字/分钟）	正确率（%）	成绩（字/分钟）	正确率（%）	成绩（字/分钟）	正确率（%）	
第1次训练记录							
第2次训练记录							
第3次训练记录							
第4次训练记录							
第5次训练记录							
多元评价（短文的录入技巧）							

相关知识

1. 最常用高频字

高频字或词组	正确读音	错误录入	正确录入	高频字或词组	正确读音	错误录入	正确录入
与	yú	iu	yu	应	yìng	ing	ying
用	yòng	iong	yong	还	hái	huai	hai
水	shuǐ	fei	shui	音	yīn	in	yin
率	lǜ	lu	lv	瓦	wǎ	ua	wa
为	wéi	uei	wei	是	shì	si	shi
万	wàn	uan	wan	我	wǒ	uo	wo

2. 常用高频词组的正确读音及正确录入

高频字或词组	正确读音	正确录入	高频字或词组	正确读音	正确录入
创收	chuàng shōu	chuang shou	儿子	ér zi	er zi
播音	bō yīn	bo yin	暴露	bào lù	bao lu
档案	dàng'àn	dang'an	法制	fǎ zhì	fa zhi
封闭	fēng bì	feng bi	辜负	gū fù	gu fu
号召	hào zhào	hao zhao	浩大	hào dà	hao da
黑夜	hēi yè	hei ye	痕迹	hén jì	hen ji
海运	hǎi yùn	hai yun	滑雪	huá xuě	hua xue
导弹	dǎo dàn	dao dan	没有	méi yǒu	mei you
媒介	méi jiè	mei jie	每次	měi cì	mei ci
配置	pèi zhì	pei zhi	骗取	piàn qǔ	pian qu
色彩	sè cǎi	se cai	围绕	wéi rào	wei rao
维修	wéi xiū	wei xiu	委派	wěi pài	wei pai
喷泉	pēn quán	pen quan	骑车	qí chē	qi che
热爱	rè'ài	re'ai	杀害	shā hài	sha hai
态势	tài shì	tai shi	衔接	xián jiē	xian jie
摇篮	yáo lán	yao lan	赞助	zàn zhù	zan zhu
少儿	shào'ér	shao'er	滩涂	tān tú	tan tu
慰问	wèi wèn	wei wen	向来	xiàng lái	xiang lai

任务3 五笔字型输入法

任务描述

五笔字型输入法适用于专业录入，学员们感觉五笔输入法较难，表现出畏难情绪，刘晓倩按照由易到难的原则，给出具体学习任务。

在本次任务中，学员们需要完成以下工作：

◆ 了解五笔字型字根的相关知识，熟练掌握字根及键位布局

◆ 了解汉字的字根结构类型，理解汉字的拆分原则，掌握汉字、词组、难拆字的拆分技巧，掌握五笔录入的技巧

任务实践

五笔输入法其实并不神秘，它是用键盘上的25个字母键、以汉字的笔画和字根为基础向计算机输入汉字。因此，在五笔输入法中，字根是构成汉字的基本单位，而掌握字根在键盘上的分布是学习五笔输入法的关键。

一、五笔字型字根及布局

1. 五笔键盘的区与位

五笔键盘的5区是指将键盘上除"Z"键外的25个字母键分为横、竖、撇、捺、折5个区，用代号1，2，3，4，5表示区号；每个区又包括5个键，每个键称为一个位，依次用代号1，2，3，4，5表示位号。位号从键盘中部向左右两端排列，即第1区的"G"键、第2区的"H"键、第3区的"T"键、第4区的"Y"键和第5区的"N"键对应的位号都为1。如图2–16所示。

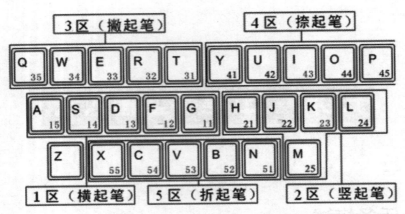

图 2-16　五笔键盘的区与位示意图

2. 用区位号定位键位

区位号是指将每个键的区号作为第 1 个数字，位号作为第 2 个数字，区号和位号组合起来构成编号。区号、位号都是从数字 "1" 开始编号，每一个区位号对应一个英文字母键。例如，"A" 键的区位号是 "15"，"B" 键的区位号是 "52"。同样，根据区位号也可反推出其对应键位，如区位号 "14" 对应的键为 "S" 键，区位号 "33" 对应 "E" 键。

3. 五笔字根的键盘布局

1983 年 8 月，王永民教授发明了五笔字型输入法，简称为 "王码五笔"，它是依据笔画和字形特征对汉字进行编码，属于典型的形码输入法。他将构成汉字的字根归纳为 130 种，再按字根的首笔或次笔的笔画代码，有规律地将其分配在五笔键盘的 25 个字母键上，如图 2-17 所示。

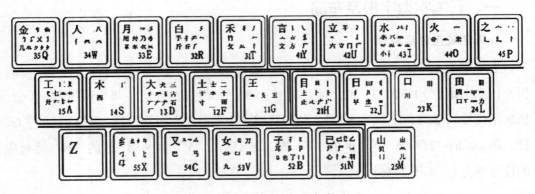

图 2-17　五笔字根的键盘布局图

4. 五笔字根的键盘分布规律

在五笔字根键盘中，每个键位上的字根都包括键名字根、成字字根和一般字根。在记字根时，可根据字根的分布规律来理解记忆字根所在键位。它们具有以下规律：同一键位上字根外形相近；区号与首笔代号一致；字根的位号与第 2 笔代号一致；单笔画个数与所在键的位号一致。

【任务训练9】

根据五笔字根的4个分布规律，判断下列字根所在的键位。

八	三	之	禾	钅	刂	土	竹	心	几	戈	皿	工	弋	火	卜	卩	四
ム	尸	白	戋	业	讠	米	言	六	门	疒	灬	文	方	丷	辛	广	甲	圭
丁	礻	宀	阝	又	川	羽	犬	丁	亻	干	夕	立	辛	冫	刂	豕	古	车
丶	亻	扌	月	月	廿	西	氵	弓	又	小	舟	用	钅	人	犭	又	旦
口	匕	乃	金	山	二	八	白	九	川	小	巛	辶	匕	丿	乙	丷
大	王	已	田	目	水	彳	口	日	五	止	古	一	己
灬	扌	凵	纟

【聚沙成塔】

在训练时，应先判断其区位号，从而得出该字根所在的键位。另外，还要判断由单笔画构成的字根所在的键位。

为了帮助学习者记忆五笔字型字根，我们总结了字根助记词。如图2-18所示。

五笔字型字根助记图

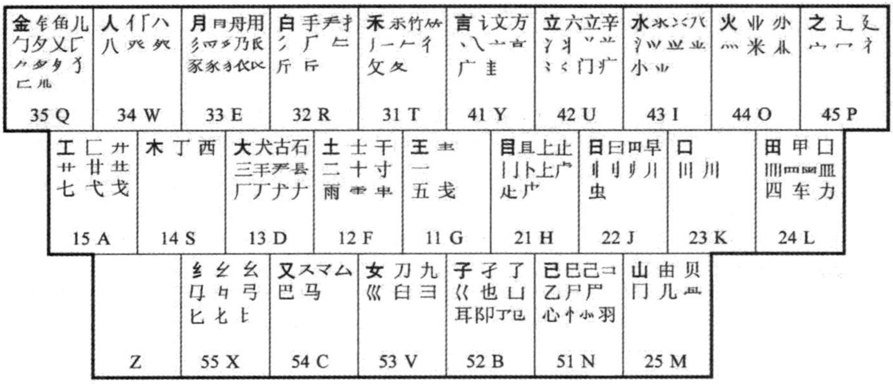

金钅鱼儿 勹夕乂匕 勹儿	人亻八 八癶豠夊 豕豕犭亻 豕豕犭亻区	月冃用月 彡四乃月 豕豕犭农区 斤斤	白手龵扌 彡彡手扌 斤斤	禾禾竹一 丿一亻彳 彳 广主	言讠文方 、亠 讠〢门广	立六立辛 丬冫丬 氵业业 小业	水氺丬氺 氺小业 小业	火业灬 灬米亚	之辶廴 灬 宀冖辶
35 Q	34 W	33 E	32 R	31 T	41 Y	42 U	43 I	44 O	45 P

工匚廾 廿廿 七弋戈	木丁西	大犬古石 三丰严长 厂ナナナ	土士干 二十寸 雨	王圭 一 五戈	目且上止 丨卜上广 止广	日曰四旦 刂刂刂川 虫	口	田甲囗 删 四车力
15 A	14 S	13 D	12 F	11 G	21 H	22 J	23 K	24 L

	纟纟幺 凵纟弓 匕七匕	又スム 巴马	女刀九 巛白彐	子了孑 巛也凵 耳卩阝卩	已巳己口 乙尸尸 心忄小羽	山由贝 门几皿
Z	55 X	54 C	53 V	52 B	51 N	25 M

11 王旁青头戋五一
12 土士二干十寸雨
13 大犬三羊古石厂
14 木丁西
15 工戈草头右框七

21 目具上止卜虎皮
22 日早两竖与虫依
23 口与川，字根稀
24 田甲方框四车力
25 山由贝，下框几

31 禾竹一撇双人立
反文条头共三一
32 白手看头三二斤
33 月彡(衫)乃用家衣底
34 人和八，三四里
35 金勾缺点无尾鱼
犬旁留乂儿一点夕
氏无七

41 言文方广在四一
高头一捺谁人去
42 立辛两点六门病
43 水旁兴头小倒立
44 火业头，四点米
45 之宝盖
摘礻(示)礻(衣)

51 已半巳满不出己
左框折尸心和羽
52 子耳了也框向上
53 女刀九臼山朝西
54 又巴马，丢矢矣
55 慈母无心弓和匕
幼无力

图2-18 五笔字根助记图

（1）1区字根助记词分析与举例

1区是指"G""F""D""S"和"A"5个键位上的字根分布，该区字根助记词分析与举例如图2-19所示。

字根键位图	助记词	助记词分析	字根及例字	
王 一 丰 戋 五 11 G	王旁青头戋（兼）五一	"王旁"为偏旁部首"王"（王字旁），"青头"为"青"字的上半部分"龶"，"兼"为"戋"（同音），"五一"是指字根"五"和"一"	王（顼） 戋（钱） 一（末）	龶（青） 五（语）
 土 龶 二 干 卉 十 寸 雨 12 F	土士二干十寸雨	分别指"土、士、二、干、十、寸、雨"7个字根，另外还应记忆"革"字的下半部分"卉"字根	土（圾） 二（夫） 十（协） 雨（雷）	士（仕） 干（刊） 寸（付）
 大 犬 三 羊 严 古 ナ ナ 石 厂 ナ 13 D	大犬三羊古石厂	"大、犬、三、古、石、厂"为6个字根，记住"三"，就可联想记忆"羊、严、王"；"羊"为"䒑"（羊字底）；在记忆"厂"字根时要联想记忆"ナ""ナ""ナ"字根	大（太） 三（丰） 古（估） 厂（危） ナ（友）	犬（伏） 羊（羊） 石（破） ナ（面） ナ（龙）
 木 丁 西 14 S	木丁西	只有"木、丁、西"3个字根，可直接记忆	木（权） 西（洒）	丁（叮）
 工 匚 戈 弋 七 卄 廿 卅 卄 艹 15 A	工戈草头右框七	"工戈"是指"工、戈"两个字根，"草头"是指"艹"，"右框"为开口向右的方框"匚"，"七"指"七"字根，"弋"和"七"视为"七"字根的变形字根。记忆时应注意与"艹"相似的字根"卄、廿、卅"以及"戈"的形近字根"弋、七"	工（杠） 弋（式） 艹（苛） 廿（世） 匚（区） 七（切）	戈（或） 七（东） 卄（昔） 卄（升） 七（七）

图2-19　1区字根助记词分析与举例

（2）2区字根助记词分析与举例

2区字根是指"H""J""K""L"和"M"5个键位上的字根分布，该区字根助记词分析与举例如图2-20所示。

字根键位图	助记词	助记词分析	字根及例字
 目 且 丨 上 卜 卜 止 止 广 广 21H	目具上止卜虎皮	"目"指"目"字根，"具上"指"具"字的上半部分"且"及"上"字根，"止"指"止"及其变形字根"走"字的下部"止"，"卜"指"卜"及变形字根"卜"，"虎皮"指"虎""皮"两字的上部"广"和"广"	目（眼）　且（俱） 上（卡）　止（企） 止（起）　卜（仆） 卜（占）　广（虎） 广（波）　丨（旧）
 日 曰 刂 刂 川 刂 早 虫 四 22J	日早两竖与虫依	"日早"指"日、早"两个字根；"两竖"即字根"刂"，同时要记住"刂"和"刂"；"与虫依"指"虫"字根；记忆"日"字根时，应联想记忆"曰、四"等变形字根	日（果）　曰（唱） 四（临）　早（草） 刂（兼）　刂（归） 刂（刘）　虫（虹）
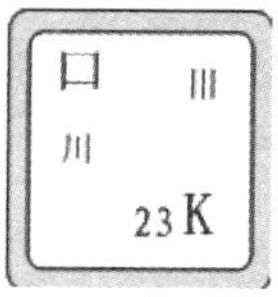 口 川 川 23K	口与川，字根稀	"字根稀"是指该键位的字根较少，只需记住"口"和"川"字根以及"川"的变形字根"刂"即可	口（员）　川（顺） 刂（带）
 田 川 四 皿 甲 四 口 车 四 力 24L	田甲方框四车力	"田甲"是指"田、甲"两个字根；"方框"是指"口"字根，如"围"字的外框，应注意它与【K】键上的"口"字根的区别；"四"是指"四"及其变形字根"四、四、皿"；"车力"是指字根"车""力"	田（思）　甲（呷） 口（国）　四（驷） 四（曾）　四（置） 皿（血）　车（阵） 力（另）　川（舞）
 山 由 贝 四 几 口 25M	山由贝，下框骨头几	"山由贝"是指"山、由、贝"3个字根；"下框"是指开口向下的"门"字根，同时可以联想记忆"几"和"贝"；"骨头"是指"骨"字的上半部分"四"字根	山（峰）　由（油） 贝（账）　门（高） 四（骨）　几（朵）

图2-20　2区字根助记词分析与举例

（3）3区字根助记词分析与举例

3区字根是指"T""R""E""W"和"Q"5个键位上的字根分布，该区字根助记词分析与举例如图2-21所示。

字根键位图	助记词	助记词分析	字根及例字
 禾 和 丿 竹 丿 丿 攵 夂 31T	禾竹一撇双人立，反文条头共三一	"禾竹"指"禾、竹"两个字根，"一撇"指字根"丿"，"双人立"指偏旁"彳"，"反文"指偏旁"攵"，"条头"指"条"字的上半部分"夂"，"共三一"指这些字根都位于区位号为31的【T】键上	禾（私）　竹（竿） 丿（生）　丿（每） 彳（往）　攵（改） 夂（条）

字根键位图	助记词	助记词分析	字根及例字	
白 彡 手 扌 丁 厂 ⺊ 斤 斤 厂 32R	白手看头三二斤	"白手"指"白、手"两个字根，"看头"指"看"字的上部"⺜"，"三二"指这些字根位于区位号为32的【R】键上。记忆"斤"时，同时要记住变形字根"厂"和"丁"。注意，该键位上还包括"彡"和"⺊"字根	白（泉） ⺜（看） 厂（质） ⺊（失）	手（拿） 斤（析） 斤（丘） 彡（汤）
月 四 彡 用 丹 乃 彡 豕 豸 衣 ⻌ 33E	月彡（衫）乃用家衣底	"月"指"月"字根，"衫"指"彡"字根，"乃用"指"乃、用"两个字根，"家衣底"分别指"家"和"衣"字的下部"豕"和"⻌"字根及形近字根"豸、⻌"。另外，还需记忆"彡、四、丹"3个字根	月（肢） 乃（仍） 豕（逐） ⻌（依） 彡（貌） 丹（舡）	彡（衫） 用（甩） 豸（象） ⻌（畏） 四（爱）
人 八 亻 亻 八 34W	人和八，三四里	"人和八"指"人、八"两个字根，"三四里"指这些字根位于区位号为34的【W】键上。另外，还需记忆"亻、亻、八"3个字根	人（全） 亻（祭） 八（登）	八（父） 亻（休）
金 钅 鱼 勹 乂 彡 儿 爪 夕 夕 35Q	金勹缺点无尾鱼，犬旁留乂儿一点夕，氏无七（妻）	"金"指字根"金"和"钅"；"勹缺点"指"勹"字去掉中间那一点后的字根"勹"；"无尾鱼"指字根"鱼"；"犬旁"指"犭"，注意并不是偏旁"犭"，少一撇；"留乂"指字根"乂"；"一点夕"指字根"夕"和相似字根"夕、勹"；"氏无七"指"氏"字去掉中间的"七"后剩下的字根"㇂"	金（鉴） 勹（勾） 犭（猎） 夕（名） 夕（然） 儿（见）	钅（铁） 鱼（鲜） 乂（杀） 勹（久） ㇂（氏） 爪（流）

图2-21　3区字根助记词分析与举例

（4）4区字根助记词分析与举例

4区字根是指"Y""U""I""O"和"P"5个键位上的字根分布，该区字根助记词分析与举例如图2-22所示。

字根键位图	助记词	助记词分析	字根及例字	
言 讠 丶 一 亠 圭 文 方 广 41Y	言文方广在四一，高头一捺谁人去	"言文方广"指"言、文、方、广"4个字根；"高头"指"高"字头"亠"和"古"；"一捺"指笔画"丶"，也包括"丶"字根；"谁人去"指去掉"谁"字左侧的偏旁"讠"和"亻"后剩下的字根"圭"	言（信） 方（访） 亠（亩） 丶（尺） 圭（维）	文（纹） 广（度） 古（京） 讠（订）
立 辛 丷 扌 丷 六 立 门 疒 42U	立辛两点六门疒	"立辛"指"立、辛"两个字根；"两点"指"冫"和"丷"字根，注意记忆变形字根"扌"和"丷"；另外，"立"和"辛"字根可看做"六"字根的变形字根。"六"指"六"字根，"门疒"指"门"和"疒"字根	立（啼） 冫（凉） 扌（妆） 辛（商） 门（闲）	辛（辞） 丷（曾） 丷（平） 六（滚） 疒（病）

字根键位图	助记词	助记词分析	字根及例字
 水 丷丬 氺 水 冰 业 业 业 小 氺 43 I	水旁兴头小倒立	"水旁"指"氵、水、冫、氺、水"字根，"兴头"指"兴"字的上半部分"丷"字根及形近字根"业、丷"，"小倒立"指"氺"字根	水（冰）　氵（河） 冫（冱）　氺（承） 氺（泰）　业（检） 业（光）　丷（学） 小（少）　小（党） 氺（聚）　木（末）
 火 灬 业 灬 米 44 O	火业头，四点米	"火"指"火"字根，"业头"指"业"字的上半部分"业"字根及其变形字根"灬"，"四点"指"灬"字根，"米"指"米"字根	火（淡）　业（业） 灬（变）　灬（羔） 米（料）
 之 宀 冖 辶 廴 衤 45 P	之宝盖，摘衤（示）衤（衣）	"之"指"之"字根及"辶、廴"，"宝盖"指偏旁"宀"和"冖"，"摘衤（示）衤（衣）"指将"衤"和"衤"的末笔画摘掉后的字根"衤"	之（泛）　辶（过） 廴（延）　宀（军） 冖（空）　衤（社）

图 2-22　4 区字根助记词分析与举例

（5）5 区字根助记词分析与举例

5 区字根是指"N""B""V""C"和"X"5 个键位上的字根分布，该区字根助记词分析与举例如图 2-23 所示。

字根键位图	助记词	助记词分析	字根及例字
 已 己巳乙 尸 尸 コ 心 忄 小 羽 51 N	已半巳满不出己，左框折尸心和羽	"已半"指字根"已"；"巳满"指字根"巳"；"不出己"指字根"己"；"左框"指开口向左的框"コ"；"折"指字根"乙"；"心和羽"指"心、羽"两个字根；另外，记忆"尸"字根的同时也应记住"尸"，记忆"心"字根的同时也应记住"忄"和"小"	已（已）　巳（包） 己（记）　コ（官） 乙（亿）　心（沁） 羽（翌）　尸（眉） 尸（启）　忄（惟） 小（添）
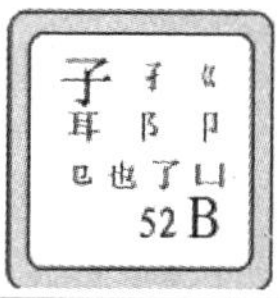 子 孑 巛 耳 阝 卩 巴 也了 山 52 B	子耳了也框向上	"子耳了也"分别指"子、耳、了、也"4 个字根以及"子"的形近字根"孑"，"框向上"指开口向上的框"凵"。另外，该键位上还包括"卩、阝、巴、巛"字根	子（仔）　孑（孜） 耳（嘱）　了（烹） 也（她）　山（屯） 卩（节）　阝（防） 巴（创）　巛（粼）
 女 巛 刀 彐 白 ヨ 九 53 V	女刀九臼山朝西	"女刀九臼"分别指"女、刀、九、臼"4 个字根；"山朝西"指"山"字开口向西，形成字根"ヨ"；还应记忆字根"巛"。另外，记忆"ヨ"字根的同时也应记住"彐"字根	女（婚）　刀（切） 九（旭）　臼（毁） ヨ（寻）　巛（巢） 彐（隶）

 又 スーム 巴 马 54C	又巴马，丢矢矣	"又巴马"分别指"又、巴、马"3个字根；"丢矢矣"指"矣"字去掉下半部分的"矢"字后剩下的字根"厶"；另外，应注意记忆变形字根"マ"和"ス"	又（汉） 马（妈） マ（予）	巴（吧） 厶（么） ス（劲）
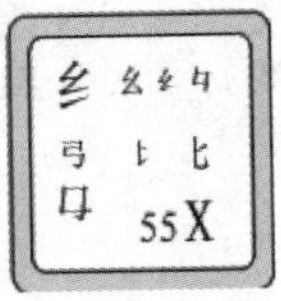 纟幺纟 弓 比比 屮 55X	慈母无心弓和匕，幼无力	"慈母无心"指去掉"母"字中间部分笔画后剩下的字根"屮"；"弓和匕"指"弓、匕"两个字根，记忆时应注意"匕"的变形字根"ヒ"；"幼无力"指去掉"幼"字右侧的"力"后剩下的字根"幺"，包括变形字根"纟"	纟（纺） 弓（第） 匕（颖） 幺（乡）	屮（母） 比（花） 幺（系） 屮（互）

图2-23　5区字根助记词分析与举例

【任务训练10】

启动"金山打字通2016版"软件，利用"五笔打字"模块中的汉字录入，进行字根练习，并记忆五笔字根。

【聚沙成塔】

在刚开始练习时，学习者应先根据助记词及分布规律进行判断，而不能只看输入提示。如果字根判断错误，再根据下方的提示进行正确的记忆及录入练习。另外，记忆字根是学习拆字的前提，只要坚持不懈地记忆，就可以掌握大部分字根的分布，如果在练习过程中的错误率较高，则建议再进行巩固训练。

二、五笔字型的拆分规则

熟记键盘键位上的字根位置是学习者用五笔字型打字的前提和基础，而五笔字型的拆分规则是学习五笔字型输入法的关键。因此，学习者在掌握五笔字根的键盘布局后，还应掌握五笔字型的拆分规则。通过某种规则，将一个汉字拆分成键盘某些键位上的字根，这种做法称为五笔字型的拆分规则。根据每个字根的相应键位编成的编码便是该汉字的五笔编码。

掌握汉字的拆分规则，才能准确地拆分汉字。在学习汉字拆分前，应了解汉字各字根之间的关系。

1. 汉字的字根结构

五笔字型输入的基本单位就是字根，换句话说，在五笔字型输入法中，汉字是由基本字根组成的。汉字拆分就是将汉字中的非基本字根按照规则拆分成彼此交叉相连的几个基本字根的过程。根据字根结构，通常将汉字分为单、散、连、交4种字根结构类型。

（1）单字根结构汉字

单字根结构汉字是指字根本身就是一个汉字，即构成汉字的字根只有一个。它主要包括24个键名汉字和成字字根汉字。例如，"六""金""子""口"和"月"等都是只由一个字根组成的汉字。

（2）散字根结构汉字

散字根结构汉字是指构成汉字的字根不止一个，并且组成汉字的字根键位布局较为分散，字根键位之间有一定的距离，字根之间的位置关系为左右型或上下型。

（3）连笔字根结构汉字

连笔字根结构汉字是指由一个普通字根与一个单笔画字根相连而构成的汉字。例如，"升"是由单笔画"丿"与字根"廾"相连而成的，"中"是由字根"口"与单笔画"丨"相连而成的。

（4）交叉字根结构汉字

交叉字根结构汉字是指由几个字根交叉相叠构成的汉字，字根间没有距离。例如，"串"由两个"口"字根与一个"丨"字根交叉而成，"里"由字根"曰"与"土"交叉而成。

2. 汉字的拆分规则

汉字除按照上述字根结构进行拆分外，还应遵循以下规则，但键名汉字和成字字根汉字例外。

（1）按书写顺序拆分

该原则是指按照正确书写汉字的顺序将汉字拆分成字根。书写顺序主要有从左到右、从上到下、从外到内等几种。

（2）取大优先

取大优先是指在拆分汉字时，取笔画数量尽可能多的部分作为字根，拆分后的字根数量应尽可能少。

（3）能连不交

能连不交原则是指在拆分汉字时，能拆分成连结构的字根就不要拆分成交结构的

字根。

（4）能散不连

能散不连是指在拆分汉字时若每个字根都不是单笔画，能拆分成散结构的字根就不要拆分成连结构的字根。字根之间的位置关系在"散"与"连"之间不好判断时，将"散"作为判断识别码的依据。

（5）兼顾直观

兼顾直观是指在拆分汉字时，为了使拆分出来的字根容易辨认，有时需要暂时牺牲"书写顺序"和"取大优先"原则，形成极个别的例外情况。

三、汉字拆分与输入编码

五笔字型的拆分与输入编码如图2-24所示，其中将汉字分为键面汉字和非键面汉字两种类型，并列出了拆分规则和取码方法。

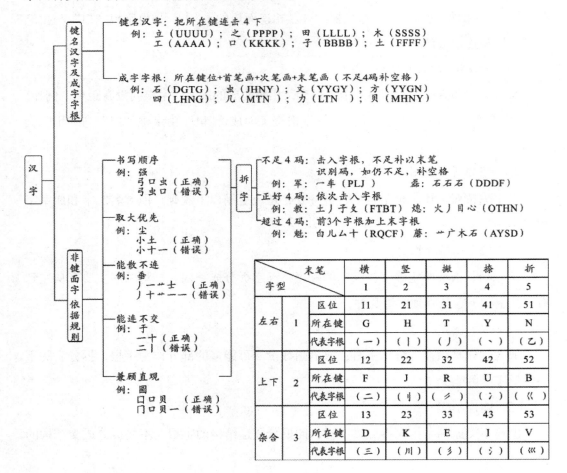

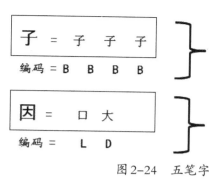

分析： "子" 为单字根结构汉字，是 "B" 键上的键名字根，根据编码规则，该字的五笔字型编码为 "BBBB"。

分析： "因" 按照书写顺序从外到内拆分，根据编码规则，该字的五笔字型编码为 "LD"。

图2-24　五笔字型的拆分与输入编码图

【任务训练11】

汉字拆分举例与分析训练。请根据汉字拆分规则进行下面汉字的拆分练习，同时将相应的字根编码进行记录。

　　子　　因　　出　　牺　　建　　光　　湃　　衫

　　临　　广　　狗　　春　　卵　　衍　　爱　　寄

【聚沙成塔】

该任务训练对十几个汉字进行了拆分，结合训练练习，学习者应进一步理解怎样根据拆分规则拆分汉字，并学会举一反三，会拆分一个字就应该会拆分与之类似的字。例如，学会拆分 "建" 字，也应该能拆分与之类似的 "健" 等字。

1. 键面汉字的输入

键面汉字主要包括键名汉字、成字字根汉字和单笔画3种。

（1）键名汉字的输入

在五笔字根键盘分布图中，每一个键位左上角的字根本身就是一个汉字（"X" 键除外），它是键位上所有字根中最具有代表性的字根，称为键名汉字。如图2-25所示。

图2-25　键名汉字键盘分布图

输入键名汉字的方法是：连续敲击该字根所在键位4次。例如，在五笔输入状态下键入"gggg"，便可输入"王"字；键入"vvvv"，便可输入"女"字；键入"nnnn"，便可输入"已"字。

（2）成字字根汉字的输入

除了键名汉字外，在五笔字根键位上还有一些字根同时也是汉字，称为成字字根汉字，其输入方法是：先按一下该字根所在的键（称为"报户口"），然后按它的书写顺序依次按它的第1笔、第2笔及最末一笔所在键位，若不足4码则补按空格键。如表2-8所示。

表2-8　成字字根的取码规则

取码顺序	第1码	第2码	第3码	第4码
取码规则	字根所在键	第1笔画	第2笔画	最后1笔画

（3）单笔画的输入

5种单笔画的输入方法是：首先按两次该单笔画所在的键位，再按两次"L"键。即"一"的编码为"GGLL"，"丨"的编码为"HHLL"，"丿"的编码为"TTLL"，"丶"的编码为"YYLL"，"乙"的编码为"NNLL"。

【任务训练12】

打开"写字板"软件，练习输入25个键名汉字，然后对照前面的五笔编码图找出并输入各个键位上的成字字根汉字，最后练习输入5种单笔画。

【聚沙成塔】

对于键名汉字，应牢记其所在键位，这样才能在打字时快速判断出其编码，而成字字根汉字的编码相对于键名汉字来说，稍微复杂一点，除了需要牢记所在键位外，还要判断第1笔、第2笔及最末一笔所在键位。

2. 非键面汉字的输入

非键面汉字的输入方法在前面介绍汉字拆分时曾经提到过，即将汉字拆分成字根，再将字根所在键位作为编码进行输入。

（1）非键面汉字的取码规则

非键面汉字的输入方法是：根据书写顺序和拆分规则，将汉字拆分成字根，取汉字的第1个、第2个、第3个和最后一个字根，并敲击这4个字根所在的键位；若不满

4码，则添加识别码。 如表2-9所示。

表2-9 键位汉字的取码规则

取码顺序	第1码	第2码	第3码	第4码
取码规则	第1个字根	第2个字根	第3个字根	第4个字根

（2）末笔字型交叉识别码

对于拆分不足4个字根的汉字，需要添加末笔字型交叉识别码（简称"识别码"），如"烟"字只能拆分成"火、口、大"3个字根，"邑"字只能拆分成"口、巴"两个字根。

另外，在用五笔输入法输入汉字时也存在少数的重码，有以下两种情况。第一种情况，由于字根的摆放位置不同引起重码，如"吧"与"邑"拆分后的字根相同。第二种情况，由于拆分后字根刚好位于相同键位引起重码，如"磉"字应拆分为"石、桑"，"码"应拆分为"石、马"，但它们的五笔编码都是"DC"。

出现重码情况后，需要手动在汉字选择框中选择所需的汉字，这样明显降低了输入速度。为提高输入速度，减少重码现象，五笔输入法引入了"末笔字型交叉识别码"的概念。

① 识别码的组成和判断

识别码由汉字的末笔笔画代码与字型的代码组成。例如，"好"字的末笔笔画为"一"，代码为1，汉字字型为左右型，代码为1，从而构成识别码11，11所对应的键位为"G"，因此"好"字的编码为"VBG"。

② 末笔的特殊规定

在判定识别码时，要遵循以下3个特殊规定：由"辶""廴""门"和"疒"组成的半包围汉字以及由"囗"组成的全包围汉字的末笔为被包围部分的末笔笔画，如"过"字的末笔为"、"，因而其识别码为43（I）。

对于末笔画的选择与书写顺序不一致的汉字，如最后一个字根是"力""刀""九"和"匕"等的汉字，一律以其伸得最长的"折"笔画作为末笔，如"劝"字的末笔为"乙"，因而其识别码为51（N）。对于"我""成"等字，遵循"从上到下"原则，一律规定撇（丿）为其末笔。

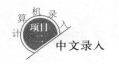

中文录入

【任务训练13】

启动"金山打字通2016版"软件，依据汉字拆分规则、汉字取码规则和输入方法进行汉字输入练习。

【聚沙成塔】

本任务重点训练常用字和难拆字的拆分及输入。对于键名汉字，根据键位判断其编码即可实现输入，单笔画的输入需注意其编码规则。对于键外汉字，需要掌握其取码规则，如键位汉字的拆分不足4个字根，需添加末笔字型交叉码。

四、难拆字的录入训练

1. 复杂汉字拆分练习

用王码五笔字型输入法86版输入下表2-10中的汉字。这些汉字都是一些结构较特殊的汉字，对于五笔初学者来说，在拆分的过程中容易出错。因此，为了便于读者参考和学习，表中列出了各个汉字的拆分字根和编码，编码中的小写字母表示其识别码。

表2-10　复杂汉字的字根及编码

汉字	字根	编码	汉字	字根	编码
来	一 米	GOI	寒	宀 二 丨丿 冫	PFJU
形	门 一 彡	MYET	助	月 一 力	EGLN
练	纟 七 乙 八	XANW	魂	二 厶 白 厶	FCRC
霜	雨 讠 日 乙	FYJN	舞	二 ‖‖ 一 丨	RLGH
峨	山 丿 扌	MTRT	曲	门 丗	MAD
嗄	口 厂 目 夂	KDHT	追	亻 コ コ 辶	WNNP
鏖	广 コ 刂 金	YNJQ	离	文 凵 冂 厶	YBMC
凹	几 门 一	MMGD	凸	丨 一 冂 一	HGMG
拜	龵 三 十	RDFH	派	氵 厂 𠃉	IREY
呀	口 匚 丨 丿	KAHT	遇	日 冂 丨 辶	JMHP
袂	衤 コ コ 人	PUNW	廉	广 䒑 彐 灬	YUVO
片	丿 丨 一 乙	THGN	报	扌 卩 又	RBCY
卖	十 乙 冫 大	FNUD	赛	宀 二 丨丿 贝	PFJM
剩	禾 斗 匕 刂	TUXJ	夜	亠 亻 夂 丶	YWTY
豫	乛 卩 夕 豕	CBQE	所	厂 コ 斤	RNRH

续 表

汉字	字根	编码	汉字	字根	编码
醯	西 一 大 皿	SGDL	乘	禾 斗 匕	TUXV
身	丿 冂 三 丿	TMDT	成	厂 乙 乙 丿	DNNT
黄	卄 由 八	AMWU	既	ヨ ム 匸 儿	VCAQ
乖	丿 十 北	TFUX	曹	一 冂 廿 日	GMAJ
满	氵 卄 一 人	IAGW	特	丿 扌 土 寸	TRFF
廒	广 土 勹 攵	YGQT	貌	罒 豸 白 儿	EERQ
而	厂 冂 刂	DMJJ	范	艹 氵 㔾	AIBB
途	人 禾 辶	WTPI	承	了 三 水	BDII
励	厂 厂 乙 力	DDNL	年	𠂉 丨 十	RHFK
翠	羽 二 人 十	NYWF	像	亻 勹 罒 豕	WQJE
旅	方 𠂉 𧘇	YTEY	饮	勹 乙 勹 人	QNQW
莓	艹 冂 土	AMFF	州	丶 丿 丶 丨	YTYH
犹	犭 尢 乙	QTDN	牛	𠂉 丨	RHK
湛	氵 卄 三 乙	IADN	盛	厂 乙 乙 皿	DNNL

【任务训练14】

启动"记事本",然后选择王码五笔字型输入法86版,录入表2-10中的汉字,熟记汉字的拆分和输入方法。

五、简码和词组录入

在简码和词组的五笔录入中,需掌握25个一级简码的分布及输入方法,常用二级简码汉字的编码,二字词、三字词、四字词和多字词的取码规则。

五笔输入法中提供了简码和词组输入方式,其中,简码是指编码较简单的汉字,包括一级简码、二级简码和三级简码,分别只需要输入1个、2个或3个编码就能输入某个汉字;词组包括二字词组、三字词组、四字词组和多字词组,输入词组时,最多只需输入4码。

1. 简码的输入

在五笔输入法中,对那些使用频率较高的汉字(常用的汉字)制定了一级简码、二级简码和三级简码规则。熟练掌握简码的输入,将有助于提高输入速度。下面将分别讲解一级简码、二级简码和三级简码的输入方法。

（1）一级简码的输入

五笔输入法把最常用的25个汉字定为一级简码（又称为高频字），分布在键盘中5个区的25个键位上，一个字母键对应一个汉字，如图2-26所示。一级简码的输入方法是：按一下简码所在的键位，然后再按一下空格键。

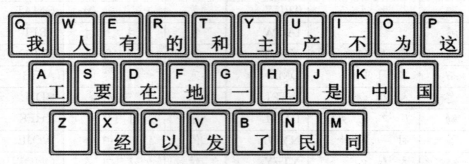

图2-26　一级简码图

（2）二级简码的输入

二级简码是指编码只有两位的汉字，也就是说，在取码时只需取其前两码，并减少了识别码的判定。

二级简码的输入方法是：按前两个字根所在的键位，再按空格键。

（3）三级简码的输入

三级简码是指汉字的编码有3位，即取汉字的前3个字根来进行编码。

三级简码的输入方法是：先按前3个字根所在的键位，再按空格键。

【任务训练15】

启动"记事本"，利用王码五笔字型输入法86版录入一级简码。内容如下：

一地在要工，上是中国同，

和的有人我，主产不为这，

民了发以经。

2. 词组的输入

五笔输入法也提供了词组输入功能，对于二字词组、三字词组、四字词组，甚至多字词组，都只需取4码便可完成词组输入。

（1）二字词组的输入

二字词组的取码规则为：第1个字的第1个字根+第1个字的第2个字根+第2个字

的第 1 个字根 + 第 2 个字的第 2 个字根。

（2）三字词组的输入

三字词组的取码规则为：第 1 个字的第 1 个字根 + 第 2 个字的第 1 个字根 + 最后一个字的第 1 个字根 + 最后一个字的第 2 个字根。

（3）四字词组的输入

四字词组的取码规则为：第 1 个字的第 1 个字根 + 第 2 个字的第 1 个字根 + 第 3 个字的第 1 个字根 + 第 4 个字的第 1 个字根。

（4）多字词组的输入

多字词组是指词组中的字多于 4 个的情况。多字词组的取码规则为：第 1 个字的第 1 个字根 + 第 2 个字的第 1 个字根 + 第 3 个字的第 1 个字根 + 最后一个字的第 1 个字根。

【任务训练 16】

启动"金山打字通 2016 版"软件，分别练习二字词组、三字词组、四字词组及多字词组的输入。

【聚沙成塔】

在练习时，应注意记忆一些不太常用的词组，如"那么样"，很少有人将它作为词组进行输入，而是通过单字来输入。因此，在进行五笔打字时，应尽量使用词组输入方式。在练习输入词组时，如果出现错误，可能是拆分有误，这时可以查看下方的编码提示。

相关知识

怎样才能用五笔输入法输入汉字呢？其实五笔输入法并不神秘，它是用键盘上的 25 个字母键、以汉字的笔画和字根为单位向计算机输入汉字的。因此，在五笔输入法中，字根是构成汉字的基本单位，而掌握字根在键盘上的分布是学习五笔输入法的关键。下面将分别讲解汉字的 3 个层次、5 种笔画和 3 种字型，以及它们与字根间的关系。

1. 汉字结构的 3 个层次

在五笔输入法中，字根由笔画组成，因此，笔画、字根和整个汉字是汉字结构的 3 个层次。

2. 汉字的 5 种笔画

为了方便记忆和排序，根据使用频率的高低，依次用 1，2，3，4，5 作为代号来

代表5种笔画，如表2-11所示。

表2-11　汉字的5种笔画

代号	笔画	笔画走向	笔画的变形
1	横 一	左→右	／
2	竖 丨	上→下	亅
3	撇 丿	右上→左下	
4	捺 丶	左上→右下	丶
5	折 乙	带转折	フ乚乚フ㇉一

3. 汉字的3种字型

在五笔输入法中，同样的几个字根，放在不同的位置，便可以构成不同的汉字，如表2-12所示。例如，由字根"山"和"己"组成的汉字可以是"岂"或"屺"。因此，在编码时，五笔输入法为了便于"重码"的识别，根据构成汉字的字根之间的位置关系，将成千上万个汉字分为左右型、上下型和杂合型3种字型，分别用代号1，2，3来表示。

表2-12　汉字的3种字型

字型代号	字型	图示	字例
1	左右		汉　树　须　数
2	上下		李　茶　霜　华
3	杂合		团　凶　过　司　册　果

项目总结

中文输入法的种类很多，使用何种输入法是用户根据自己的学习特点和爱好等情况进行选择的。一般来讲，非专业打字人员可选择简单的音码输入（如各类拼音输入法），专业打字人员可选择形码输入（如笔画、字根类输入法）。

拼音输入法是学习者容易上手的一种输入方法，它需要用户敲入尽可能多的字符来确定要输入的字、词组和文章等，对用户的汉语拼音水平要求较高。当打字速度到一定等级后，就很难再提升，该输入法适合非专业人员或对录入要求不高的人员使用。文秘专业学生应该掌握一种更快的汉字录入方法，即五笔字型输入法，该输入法主要是借助字根来实现汉字的录入，在打字速度上更容易提升，适合专业人员或办公室文秘人员使用。

项目评价

一、学生评价

1.填写"任务学习情况表"。

对本项目中所涉及的任务进行总结，认真填写表2-13内的内容。

表2-13　任务学习情况表

任务名称	知识点	熟练程度（了解、理解、掌握等描述）	学习方法（总结采用的学习方法）	自我总结（学生根据学习过程进行填写）
任务1　认识中文输入技术	中文输入法的设置方法			
	中文输入法的种类及特殊字符、特殊符号的输入方法			
任务2　拼音输入法	正确使用拼音输入法进行汉字、词组和短文录入，通过训练达到一定等级			
任务3　五笔字型输入法	了解五笔字型字根的相关知识，熟练掌握字根及键位布局；了解汉字的字根结构类型，理解汉字的拆分规则，掌握汉字、词组、难拆字的拆分技巧，掌握五笔录入的技巧			

2.通过查找资料或网络学习，选择一款适合自己的五笔字型输入法，总结其优点，并向同学推荐。

二、教师评价

1.根据学生的学习情况，引导学生总结中文输入法的类型，强化中文录入水平的提升。

2.对学生、小组在任务学习中的表现进行总结与评价。

3.对任务中出现的各类问题进行分析与总结。

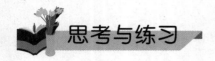

开展限时训练、小组测试或录入竞赛等活动，完成下面短文的录入。

匆　匆

朱自清

燕子去了，有再来的时候；杨柳枯了，有再青的时候；桃花谢了，有再开的时候。但是，聪明的，你告诉我，我们的日子为什么一去不复返呢？——是有人偷了他们罢：那是谁？又藏在何处呢？是他们自己逃走了罢：现在又到了哪里呢？

我不知道他们给了我多少日子，但我的手确乎是渐渐空虚了。在默默里算着，八千多日子已经从我手中溜去，像针尖上一滴水滴在大海里，我的日子滴在时间的流里，没有声音，也没有影子。我不禁头涔涔而泪潸潸了。

去的尽管去了，来的尽管来着；去来的中间，又怎样地匆匆呢？早上我起来的时候，小屋里射进两三方斜斜的太阳。太阳他有脚啊，轻轻悄悄地挪移了；我也茫茫然跟着旋转。于是——洗手的时候，日子从水盆里过去；吃饭的时候，日子从饭碗里过去；默默时，便从凝然的双眼前过去。我觉察他去的匆匆了，伸出手遮挽时，他又从遮挽着的手边过去，天黑时，我躺在床上，他便伶伶俐俐地从我身上跨过，从我脚边飞去了。等我睁开眼和太阳再见，这算又溜走了一日。我掩着面叹息。但是新来的日子的影儿又开始在叹息里闪过了。

在逃去如飞的日子里，在千门万户的世界里的我能做些什么呢？只有徘徊罢了，只有匆匆罢了；在八千多日的匆匆里，除徘徊外，又剩些什么呢？过去的日子如轻烟，被微风吹散了，如薄雾，被初阳蒸融了；我留着些什么痕迹呢？我何曾留着像游丝样的痕迹呢？我赤裸裸来到这世界，转眼间也将赤裸裸的回去罢？但不能平的，为什么偏要白白走这一遭啊？

聪明的，你告诉我，我们的日子为什么一去不复返呢？

项目三

速录训练

项目背景

在办公室文员和文秘工作中，会经常遇到记录会议内容、整理会议纪要等工作。随着网络办公系统的发展，速录应运而生。它成为一项综合能力的体现，囊括了语言基础功底、听判能力、短时记忆能力、概括归纳能力、计算机录入技能和操作能力等内容，突破了单纯的计算机打字界限。为满足工作岗位需求，办公室文员和文秘工作人员需要掌握速录的技能，以提升工作效率和工作实效。

项目分析

最近，公司的产品销售数量和销售利润成倍增长，公司为扩大产品销售渠道和总结销售经验，决定一个月后在公司总部召开各个区域的销售总结会议，总经理办公室安排刘晓倩负责会议速录及会议纪要整理工作。为了圆满完成任务，刘晓倩打算从速录基础、看打速录、听打速录和速录文档整理几个方面，巩固和提升自己的技能水平。根据计划，她制定具体的学习任务。具体任务如下：

任务1　认识速录设备及软件

任务2　速录技能训练

任务3　校对、整理及输出

项目目标

了解速录相关知识，认识常用的速录设备及软件，掌握外接速录机的使用，理解并掌握看打、听打速录技能，掌握速录文稿的校对、整理和输出，具体目标如下：

● 认识常用的速录设备及软件分类

● 掌握听打、看打速录技能，能够借助速录设备通过听打、看打等操作实现中文录入

● 熟练掌握速录文稿的校对、整理与输出

项目实践

刘晓倩在速录训练前，先通过网络搜索，了解速录定义、职业要求等相关知识，然后搜索和查找了常用的速录设备及相关软件，为开展速录技能的学习和训练做好各项准备工作。在办公室主任王明的指导下，她准备从认识速录设备着手，开展速录训练。

任务1　认识速录设备及软件

任务描述

办公室主任王明告诉刘晓倩，速录是办公室文员提高工作效率的重要手段之一。公司有明文规定，要求所有的办公室文员必须掌握速录技能，并达到相应的考核标准。刘晓倩十分珍惜现在的工作，她决定努力提升自己的速录技能。

在本次任务中，刘晓倩需要做以下工作：

◆ 了解速录设备的类别及相应软件

◆ 掌握速录软件的分类，掌握外接速录设备的使用方法

任务实践

作为即将从事办公室文员或文秘工作的人员，需要了解速录设备和速录软件的相关知识，通过网络搜索、查找资料或向专业人士请教，选择适宜的速录设备和相关软件，这对录入速度有很大帮助。

一、速录设备类型

无论是英文录入，还是中文录入，都需要借助相应的录入设备和软件实现录入工作。根据办公室文员或文秘工作者具体从事岗位的不同，可将速录要求分为两类，一类是为了提升录入工作效率的普通文员，另一类是专业的速录工作者。因此，根据需求的不同，速录设备也进行相应的分类。

1. 以普通键盘为主的速录技术

目前，办公室工作者仍是以键盘为主要媒介进行相关内容录入，根据用户使用习惯和功能需求，键盘可分为标准键盘、多媒体键盘和人体工程学键盘等。软件主要包括各类中英文输入法，如拼音输入法、五笔字型输入法等。

2. 借助专用速录设备的速录技术

在部分工作岗位上，特别是对录入速度有具体要求的岗位，录入人员需要借助专用录入设备进行速记，如大型企业、政府的会议、谈判，法院的庭审记录，电视台的字幕、网站的直播现场等。为提升录入效率，需要借助速录机实现速录。速录机是通过左右手的多指同时敲击键盘来完成快速录入，熟练的录入人员能做到与人的说话同步进行，即话音停止，文字录入随即结束。速录机主要是通过外接方式与计算机进行连接，与相应的录入软件相互配合构成速录机系统。目前，常用的外接式速录机有横排式键盘速录机、外斜式键盘速录机和内斜式键盘速录机。如亚伟中文速录机是一款常用的通过专用键盘、专用编码以及计算机实现高速记录语言的专用设备。

3. 语音输入技术

语音输入技术是指借助相关设备实现人们语音输入、转换、存储的技术。根据使用设备的不同，它包括计算机上使用的各类语音输入法，手机、平板等设备上的各类语音输入软件、语音转换成文字软件等。在一定程度上，帮助录入人员提升了信息化办公的效率。

二、速录软件分类

根据速录设备的不同，每种设备都有对应的软件支持，因此，速录软件是跟随硬件设备的发展而不断更新的。主要的速录软件有以下几种。

1. 常见的输入法软件

键盘作为主要的输入设备，根据音码、形码和音形码等编码规律，产生了拼音输入法、笔画输入法、五笔字型输入法等相应的中文录入技术，这些输入法适合非专业录入人员使用。无论是使用拼音输入法，还是字型输入法，提升速录水平的方法就是多练，只有多练，才能熟能生巧。

2. 专业录入软件

为提升录入效率，出现了专门的录入设备，即速录机。不同品牌的速录机对应不同的录入编码方式，也就出现不同的速录软件。这些速录软件主要以字母组合词和音节组合词为主要录入编码方式。

3. 语音录入软件

语音录入技术是指利用麦克风等录音设备将声音输入到计算机中，再借助相应语音转换软件，将语音转换为文字的方法。它被认为是目前世界上最简便、最易用的输入法，只要你会说话，它就能打字。语音输入软件具有功能齐全、界面友好、易学易用、应用方便的特点。目前，很多输入法都带有语音输入功能，如搜狗输入法、讯飞语音输入法等。

4. 手写录入软件

手写录入是指借助手写板、触摸屏等设备，将书写文字时产生的有序轨迹信息转化为汉字内码，将对应汉字显示在设备上，实现手写文字到输入文字的识别。随着智能手机、掌上电脑等移动信息工具的普及，手写识别技术也进入了规模应用时代，手写录入技术是人机交互最自然、最方便的手段之一。

三、外接速录设备的使用

1. 常见速录机

中文速录机一般采用外挂式与计算机主机进行连接，是为快速录入中文而产生的一种专业设备。它包括专用软件、速录机编码方式和操作指令等。它对从事文字工作人员提高工作效率和减轻工作强度有着重大意义。

【任务训练1】

目前，我国市场上速录机种类很多，请通过查询资料、网络搜索等方式完成表3-1中内容的填写。

表3-1　常见速录机类型及特点

速录机品牌	主要功能	优点	缺点	市场占有情况	其他方面

2. 速录机键盘的键位布局

（1）横排式键盘的键位布局

横排式键盘及字母排列如图3-1所示。

图3-1　横排式键盘及字母排列

（2）外斜式键盘的键位布局

外斜式键盘及字母排列如图3-2所示。

图3-2　外斜式键盘及字母排列

（3）内斜式键盘的键位布局

内斜式键盘及字母排列，如图3-3所示。

图3-3　内斜式键盘及字母排列

从三个键盘布局图可以看出，速录机键盘键位布局基本是左右对称的，即左右手键位的字母、声码和韵码都是对称的，其目的是方便多键并击的操作，利于录入速度的提升。此外，从外观上，发现速录机键盘的键位数比标准键盘的键位数要少。在使用标准键盘进行录入时，左右手是按照其管理的区域范围进行划分的，而在速录机的键盘上，左右手是根据操作需要划分的，有的速录机在使用上，右手负责换字、换词、删除等操作，左手负责字词的拼写等操作。在音节码的组合次序上，以声码排在前，韵码排在后为原则，这既符合拼缀的规范，也符合手指活动的频率要求，对于声、韵码的形式，可用"单码"表示，也可以用"组合码"表示，以发挥"多键并击"的优势。

3. 速录机的编码规则

速录机的编码规则与标准键盘的编码规则不同，不同键盘类型的速录机，其编码方式也不相同，但它们的编码都遵循声码、韵码的设计原则。

【任务训练2】

查找资料，收集并总结横排式键盘、外斜式键盘和内斜式键盘三种类型速录机的声码、韵码设计原则，完成表3-2中的信息填写。

表3-2　信息收集统计表

速录机类型	横排式键盘速录机	外斜式键盘速录机	内斜式键盘速录机
声码数			
韵码数			
其他			
特殊功能			

4. 速录机多键并击方法

多键并击是速录机提升中文录入速度的独特功能。其多键并击原则是指构成每个组合码的所有键位码都要求并能够用单手的一次击键动作全部并击按出，而不是像标准键盘那样需要依次击打每一个键位，这就是速录机的"多键并击"原则，也是其指法与众不同的特点和高速击打的基础。多键并击的方式主要有以下几种。

（1）单指并击两键

用一个手指同时击打两个键位码的方式，如"AO"和"XB"等都是用单指击打的。

（2）多指并击多键

用多个手指同时击打多个键位码的方式，如下表3-3所示。

表3-3　多指并击多键的操作方式及举例

多指并击多键方式	操作描述	应用举例
靠指并击	几个相邻的手指同时击打相邻的键位码	如"IN"等
跨指并击	互不相邻的手指同时击打相应的键位码	如"DIA"等
平击	多指在同一排击键	如"DIAN""ZUEO"等
斜击	两个手指一上一下击打相应的键位码	如"UA""IE"等

（3）双手并击

两只手同时各击打一个键位码，如"A：BA"（阿爸）、"DI：GAO"（底稿）都是双手并击（键位码之间的"："并非"冒号"，而是"界码标志"，"："左边的码为左手击打的，"："右边的码则是右手击打的。在亚伟速录机的液晶屏幕上，"："以两个空格表示）。

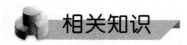 相关知识

在外接速录机中，它们都具有高速、高效录入的优势，下面以亚伟速录机为例介绍。

一、亚伟速录机的特点

1. 高速度

亚伟速录机的速度比一般汉字输入的速度成倍地增加。无论是听打，还是看打，长时间（两小时以上）的录入速度平均可达200字／分钟以上。

2. 多功能

亚伟速录机既能"听打"，又能"看打"和"想打"，也就是说，既能速记，又能速录。

3. 高效率

亚伟速录机通过译码和编校系统，可以实现即打即显，投影屏幕，快速编校，打印成文。

4. 新形式

亚伟速录机的机身玲珑，便于携带，键盘小巧，便于操作。以上特点，体现出亚伟速录机的时代性、先进性、实用性。

二、亚伟速录机的原理与法则

1. 亚伟速录机的基本原理，是运用"多键并击"的高效输入法，在输入速度上，取得新的突破。一般计算机的键盘输入，都是每次用一个指头击一个键，尽管左右两手十个指头轮流操作，但在同一时间内，一次只能击打一个键。输入一个汉字最少需要击打2次键，才能完成，即使最常用的20多个高频字，也需击两次键才能输入（先击一个字母键，再击一个空格键）。由此可见，充分发挥十个指头的潜力和优势，在同一单位时间内，用多个指头击打多个字键，就可大大地提高录入速度。

运用十个指头中的几个指头，同时多击几个字键，从运动生理学和心理学的角度看，都是完全可能的，这已在实践中充分证明。如抚风琴、弹钢琴，都是运用十个指头中的几个指头，一次按下几个键，同时发出多个不同的乐音，奏出多层次的悦耳曲调。因此，完全可以运用"多键并击"的原理，同时按下几个字键，高效地、快速地录入人们的高谈阔论或锦绣文章。

2. 为了实现"多键并击"的原理，必须设计一种精巧而简单的专用键盘。一般计算机使用的标准键盘，只适合一次一键的打法，其字码的排列，既不符合汉语拼音的频率与手指关系的要求，又不适合多个指头同时并击的要求，因而必须另行设计合

理的、实用的亚伟速录机的专用键盘。这种键盘必须适合两手十指的活动区域范围，在操作时，应尽量缩小手指运行的空间和行程，让相应的手指很便捷地同时按下几个键，不仅速度要求"快"，而且出码要求"准"。根据以上要求，经过精心调配，优化组合，设计出一种只有24个键的专用键盘，分为左右两个部分，两边对称，各分3排，上排、中排各有5个键位，下排各有两个键位。用这个简便精巧的键盘，左右两手同时操作，多键并击，可以达到既"准"又"快"的目的。

3. 亚伟速录机输入汉语的方式，采用最通行、最易学的"拼音输入法"。以国家公布的《汉语拼音方案》为依据，以普通话为标准，制定出21个声码，34个韵码，声韵相拼，拼缀成300多个音节码，作为"亚伟码"的基础。

4. 亚伟速录机的键位码，用拉丁字母的大写印刷体表示，便于阅读。各个键位码的安排，要求科学化和系统化，因此规定下列几项原则：

（1）整个键盘分为左右两个部分，键位码左右对称，两边完全一样，保证双手并击一次各出一个完整的音节码，代表两个汉字；

（2）音节码的组合次序，以"声码排在前，韵码排在后"为原则，这既符合拼缀的规范，也符合手指活动的频率要求；

（3）声、韵码的形式，可用"单码"或"组合码"表示，以发挥"多键并击"的优势；

（4）"声码"的制定，均按发音部位分组；"韵码"的制定，尽量与《汉语拼音方案》保持一致，以便于学习和记忆；

（5）根据汉语拼音声、韵母的出现频率，安排"声、韵码"的键位位置，使之符合手指活动频率的要求。

5. 根据以上原则设计出亚伟速录机的专用键盘有一套具体键位码。

6. 根据同样原则，制定出一系列的声码、韵码和音节码。

7. 在这24键的简单键盘上，除了要求打出以上所述的声码、韵码以及300多个音节码以外，还要求能打出各种功能码、特定码。

（1）功能码

① 录入开始；② 录入结束；③ 空格；④ 换行；⑤ 删除；⑥ 省略；⑦ 自定义；⑧ 块操作；⑨ 调出特定键盘和亚伟拼音形码等。

（2）特定码

① 单音词特定码；② 标点符号特定码；③ 数词特定码；④ 拉丁字母特定码等。

任务2　速录技能训练

任务描述

速录机具有高效率、高速度和多功能的特性，速录机在看打速录技能、听打速录技能方面有着标准键盘所未有的优势。刘晓倩掌握看打和听打速录技能，需做好以下工作：

◆ 了解快速阅读文稿的方法，掌握文稿文字的识别能力

◆ 通过任务训练，掌握看打速录技能

◆ 通过任务训练，掌握听打速录技能

任务实践

一、信息的采集技能

将纸质材料快速录入到计算机中的方法有多种，如速录机快速录入、扫描仪＋文字识别软件、拍照识别软件、标准键盘录入等。

【任务训练3】

利用标准键盘、速录机和拍照识别软件三种方式，完成下面文档内容的录入，并根据完成情况，填写表3-4内容。

具体录入内容如下：

行政办公室职责

一、负责内部文件和外部文件的收取、编号、传递、催办、归档。

二、负责公司文件打印、复印、传真函件的发送，各种会议的通知、安排、记录，将纪要的制发、跟踪、检查、实施情况及时向总经理进行汇报。

三、负责公司的对外公关接待工作。

四、为总经理起草有关文字材料及各种报告。

五、保管公司行政印鉴，开具公司对外证明及介绍信。

六、协助总经理做好各部门之间的业务沟通及工作协调。

七、负责安排落实领导值班和节假日的值班。

八、负责处理本公司对外经济纠纷的诉讼及相关法律事务。

九、负责调查和处理本公司员工各种投诉意见和检举信。

十、负责公司公务车辆管理。

十一、负责公司员工食堂、员工宿舍管理。

十二、负责公司办公用品采购及管理。

十三、负责公司内的清洁卫生管理、门卫及厂区治安管理。

十四、分析公司经济活动状况，找出各种管理隐患和漏洞并提出整改方案。

十五、负责填报政府有关部门下发的各种报表，公司章程、营业执照变更等工作。

十六、公司人员招聘、员工培训及员工考勤管理。

十七、员工绩效考核，薪酬管理。

十八、员工社会保险的各项管理。

十九、针对公司的经营情况提出奖惩方案，核准各部门奖惩的实施，执行奖惩决定。

二十、人员档案管理及人事背景调查。

二十一、检查和监督公司的员工手册和一切规章制度是否得到执行。

二十二、负责与劳动、人事、公安、社保等相关政府机构协调与沟通及政府文件的执行。

二十三、负责员工的劳资纠纷事宜及各种投诉的处理。

二十四、负责公司员工工伤事故的处理。

二十五、完成总经理交办的各项工作。

表3-4 三种录入方式统计表

信息录入方式	正确率（%）	录入速度（字/分钟）	完成总时间	自我总结
标准键盘录入				
速录机录入				
拍照识别软件				

二、看打速录技能

看打速录的速度取决于对录入工具的熟悉程度，对文字的熟悉程度、阅读速度，手脑的协调反映速度，对手写体文字的熟悉程度等。

1. 快速阅读技能

快速阅读的方法较多，主要包括以下类型，如表3-5所示。

表3-5　快速阅读方法及特点

阅读方法	具体描述	特点
点式阅读	细读，即逐字进行阅读	阅读质量高，不易出错，但速度慢
句式阅读	以句子为单位进行阅读，可以是整句或者句群	阅读效率高，属于"泛读"范畴，速度较快，但准确率有所降低
片式阅读	做到一目十行，整段或者整页阅读	阅读效率高，速度最快，适合文章的初次阅读，用于了解文章大意
混合阅读	根据不同内容有选择地使用上述几种阅读方式进行阅读	使用范围较广，应用灵活，速度适中
眼脑速读	眼脑协调的快速阅读方法	直接将看到的内容快速反应到脑子里，是快速录入常用的一种方法

阅读速度是看打的关键技能之一，具备快速阅读能力是看打速录技能的基础。快速阅读是指熟悉文章结构，采用一些阅读技巧，通过句读、段读或速读的阅读方法，用较短时间完成文章的阅读。影响快速阅读的因素较多，比如视觉反应能力、记忆能力、精神状态、手脑协调、文章难易程度、常见字难字比例等。

【任务训练4】

利用不同的阅读方法完成下面短文（总字数为1000字）的阅读，填写表3-6的相关内容。

事件营销是现今很多企业惯用的手段，而且成功营销的案例也多不胜数，大多数企业都信赖新媒体的力量并借助其进行传播，比如说网络传播。有名气的就是多芬化妆品的"真美运动"案例，它是较成功的事件营销案例之一。

研究之后发现，但凡近年来成功的事件营销，都是以"争议话题"为由先唱反调。

多芬的"真美运动"事件中，户外广告和网络媒体宣传的人物并不是如花似玉、貌美年轻的女人，而是一位96岁的英国奶奶艾琳辛克莱尔。海报中，英国奶奶美丽的微笑着，上面写着"有皱纹真美"。蓄意地传达出多芬倡导的"希望女人更乐于接受自己的真实面孔，而不是重重化妆品包裹出来的幻象"的原生态理念。

这次事件营销非常成功，这样的活动在国内外各地上演，并且越演越烈，带来的效益就是多芬的国内外销量迅速增长。

近年来，类似于这样的事件营销在国内也开始蔓延。2005年，一个叫做"吃垮必胜客"的帖子在网络上疯传。因为必胜客的沙拉盘很小，但是却要几十元，操盘该帖子的"幕后黑手"在网络上表示对其高价不满，并提供多种说法，打造盘中"沙拉的金字塔"。

看到此帖后，吃过的人感觉新奇有趣，没吃过的跃跃欲试。就这样，你来我往的网络上竟然掀起多种"沙拉的金字塔"的样式，其建筑技巧也在不断被创新。其结果可以想象，随着帖子点击率的急速飙升，这样一个唱反调的事件营销终使必胜客的顾客流量迅速增长。这一事件营销的成功，关键在于对消费者"不满"时机的把握恰到好处，利用所有人的猎奇心里，完成了一次漂亮的事件营销。

如果说"吃垮必胜客"还不够狠的话，那么王老吉的事件营销可谓够绝。2008年中国汶川遭遇了前所未有的8.0级地震，5月18日在央视为四川汶川大地震举办的赈灾晚会上，王老吉公司向地震灾区捐款1亿元，此举让含着眼泪收看晚会的全中国电视观众赞叹不已。王老吉是一个民营企业，一亿的数额有可能是当时企业一年的利润，企业如此慷慨的行为让所有人为其叫好。

然而没多久，网络上就出现"让王老吉从中国的货架上消失！封杀它！"的帖子，在这样的风口浪尖，到底是谁敢"没良心"地说话。当仔细阅读后发现，该帖子是醉翁之意不在酒，"一个中国的民营企业，一下就捐款一个亿，真够狠的！平时支持的那些国外品牌现在都哪去了，不能再让王老吉出现在超市的货架上，见一罐买一罐，坚决买空王老吉的凉茶！"就这样一个封杀帖，出现在所有网站、社区、论坛和博客上，一时间，王老吉在多个城市终端都出现了断货的情况。

事件营销的魔力想必大家通过上述的介绍已经深有体会了，事件营销的核心就是找到一个争议的焦点，目的就是要吸引人们的眼球，然后就是有理有据地将争议进行分解，最终演变成为全民运动，这是值得企业借鉴的。

表3-6 几种阅读方式的对照表

采用阅读方法	正确率（%）	完成总时间	阅读速度 （字/分钟）	自我总结

2. 手写稿的看打训练

手写稿录入是办公室文员经常遇到的常规工作。手写稿因人书写习惯的不同，字形表现形式各异，往往给办公室文员录入带来较大困难。手写稿的正确识别是进行速录的基础，快速掌握手写稿识别的有效方法就是"多看多记"和"读句识字"。多看多记，经常录入的手写稿，录入者需要多看，掌握手写人的书写特点，通过多看来记住较难识别的文字。另外，对于个别无法识别的文字，可以通过阅读整句，了解句意，达到识别个别文字的目的。

【任务训练5】

阅读下面手写稿，提升手写稿的识别能力，完成表3-7内容的填写。

你有能力时，决心做大事，
没有能力时，快乐做小事；
你有余力时，就做点善事，
没有余钱时，做点家务事……

表3-7 手写稿识别训练

识别错误字数	正确率（%）	阅读速度（字/分钟）	错误原因

打印稿为：

你有能力时，决心做大事，

没有能力时，快乐做小事；

你有余力时，就做点善事，

没有余钱时，做点家务事……

3. 文稿看打训练

看打技能是一项综合录入技能，要求录入者做到快速阅读、手随脑动，即眼睛看到哪里，大脑反应到哪里，手就能敲到哪里。快速的看打技能还要求录入者具有较好的语言功底、快速阅读文章的能力、较强的指法技能、熟练掌握某种录入设备及软件等各种条件。

【任务训练6】

通过不同方式看打下面文章，完成表3-8中内容的填写。

十年风雨坎坷，十年传承跨越，十年的并肩携手成就了公司的今天。成长的道路离不开伙伴的紧密合作，朋友的大力支持。科航公司初创时期，是集团领导的关爱与支持让我们迈出了成功的第一步，饮水思源，公司也是集团近十年来自始至终的坚定追随者。

在这里，我同样要感谢多年来一直支持公司的客户，你们十年如一日、不离不弃的支持，正是有了你们的支持与激励，公司的业绩才一年年攀升，面貌才一年年焕然。同样让我感动的还有公司的所有员工，十年来辛勤地付出、无私地奉献，他们的家人，一直默默支持而毫无怨言，还有我们的各位创业同仁，十年来大家并肩作战、风雨同舟、患难与共、团结如一。我们的管理团队，恪尽职守、兢兢业业，你们是公司最宝贵的财富，是公司继续前进的无尽动力。在这里，我还要感谢那些曾经在公司工作过的同事们，你们为公司曾经做出的贡献，同样会被永远铭记在公司人的心中！今天，值此公司十周年之际，向多年来给予公司关心和支持的所有领导和朋友们，向多年来为公司做出贡献的全体同仁，致以深深的谢意！

在岁月的长河中，十年不过是浪花一朵。对于发展中的企业而言，犹如逆水行舟，不进则退。面临信息时代，公司机遇与挑战并存。我们会紧随时代步伐，与时俱进，与所有客户亲密合作，将我们的事业推向一个新的高峰。在新的征途上，公司人将继续坚持十年创业精神，为众多客户提供更加快捷便利的服务。我们会在"以人为本"

的原则指导下，不断改善员工的工作环境，为员工提供更大、更广阔的发展空间。

今天是我们共同的生日，是属于我们大家的盛会，公司的脉搏将跳出最强的音符。相信十年后会有更多新朋老友相聚一堂，共同见证公司的腾飞与梦想！祝愿大家，祝福公司，愿我们风雨同舟，成就梦想！

表3-8　不同录入方式记录

选择录入设备	使用录入软件	阅读速度	录入速度	训练小结

三、听打速录技能

在公司会议中，特别是要求进行全程记录的重要会议，一般会安排专职办公室文员进行听打记录会议内容。特别是在会议、庭审现场、记者招待会等场合，需要将整个语言过程进行文字记录，这就要求记录者具有较好的听打技能。听打速录要求记录者具备较好的听力、较强的短暂记忆能力和较快的录入能力，即能够快速地将人们的语言转换成输入的电子文本的能力。

1. 字词听打速录

字词听打训练是听打训练的基础，要求记录者具有丰富的语言功底，快速反应、快速录入的能力。字词听打重点训练记录者的词汇容量、语音辨别、词语词义、多音多义词组和语速的适应能力。

【任务训练7】

认真听打下面词组，将成绩记录在表3-9中。

安装	定制	订单	如此	会议	安排	执行	齐全	车辆	效果
审定	弃权	效率	方案	网络	扎实	面向	恶果	责任	偶然
明确	洽谈	合作	利润	成本	内部	管理	慎重	纪律	系统
挖掘	容量	符号	加班	方案	效果	赠送	讨论	意见	通过

表3-9　听打成绩记录表

语速（字/分钟）	录入总字数	录入正确率	录入速度	自我总结
慢速				
中速				
快速				

2. 语句听打训练

通过对人们说话语句的听辨，能够快速听懂、短暂复述，然后通过速录设备实现文本录入。句子听打训练是速录人员必经的训练阶段，多听多练，提升准确的听辨能力，特别是对地方方言、口语的听辨识别。其次，句意的理解及准确表达也是句子听打训练的重要要素，特别是利用"概要"记录作为速录方式，句意理解的偏差可能会影响内容记录的重点或取舍。最后，句子听打是声音和快速录入的协调、连贯过程，"听一句，打一句"是语句训练的目标，经过长时间的训练，这个目标是可以实现的。

【任务训练8】

认真听打下面语句，将成绩记录在表3-10中。

语句1：如果把自己浸泡在积极、乐观、向上的心态中，快乐必然会占据你的每一天。

语句2：快乐几乎是先验的，它来自生命本身的活力，来自宇宙、地球和人间的吸引，它是世界的丰富、绚丽、阔大、悠久的体现。快乐还是一种力量，是埋在地下的根脉。

语句3：在这幽美的夜色中，我踏着软绵绵的沙滩，沿着海边，慢慢地向前走去。海水，轻轻地抚摸着细软的沙滩，发出温柔的刷刷声。

语句4：最可怕的人生见解，是把多维的生存图景看成平面。因为那平面上刻下的大多是凝固了的历史——过去的遗迹；但活着的人们，活得却是充满着新生智慧的，由不断逝去的"现在"组成的未来。

表3-10　成绩记录表

语句	语速 （字/分钟）	录入总字数	录入正确率	录入速度	多元评价
语句1	慢速				
	中速				
	快速				
语句2	慢速				
	中速				
	快速				
语句3	慢速				
	中速				
	快速				
语句4	慢速				
	中速				
	快速				

3. 文章听打训练

中文文章中包括字、词组、句子、段落等内容，因此，文章听打也可以根据需求，采用汉字听打、词组听打、句子听打、段落听打的一种或多种组合方式。

【任务训练9】

认真听打下面的文章，将成绩记录在表3-11中。

中国的第一大岛、台湾省的主岛——台湾岛，位于中国大陆架的东南方，地处东海和南海之间，隔着台湾海峡和大陆相望。天气晴朗的时候，站在福建沿海较高的地方，就可以隐隐约约地望见岛上的高山和云朵。

台湾岛形状狭长，从东到西，最宽处只有一百四十多公里；由南至北，最长的地方约有三百九十多公里。地形像一个纺织用的梭子。

台湾岛上的山脉纵贯南北，中间的中央山脉犹如全岛的脊梁。西部为海拔近四千米的玉山山脉，是中国东部的最高峰。全岛约有三分之一的地方是平地，其余为山地。岛内有缎带般的瀑布，蓝宝石似的湖泊，四季常青的森林和果园，自然景色十分优美。

西南部的阿里山和日月潭，台北市郊的大屯山风景区，都是闻名世界的游览胜地。

台湾岛地处热带和温带之间，四面环海，雨水充足，气温受到海洋的调剂，冬暖夏凉，四季如春，这给水稻和果木生长提供了优越的条件。水稻、甘蔗、樟脑是台湾的"三宝"。

表3-11　听打训练记录表

选择录入设备	使用录入软件	读音速度	录入速度	听打总结

相关知识

速录工作是一项与语言打交道的办公室文员工作，看打技能是速录工作最基础的技能之一，文字的识别又是看打的重要环节。熟悉手写体文字的书写字体，可以帮助初学速录的人员尽快掌握文字识别技术。

我国手写体文字有不同字体之分，如楷体、隶书、草书、行书、狂草等，这些都是比较规范的书写体。人们在书写汉字时，因个人习惯的不同，书写汉字的笔画不一定规范，给看打录入带来一定难度。

任务3　校对、整理和输出

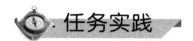 任务描述

在速录工作结束后，还需要根据文稿的性质、格式进行文稿的校对、整理和输出。在本任务中，需做好以下工作：

◆ 掌握速录后文稿的修改、校对方法

◆ 了解文稿整理的重要性，掌握文稿整理的要求

◆ 能够根据实际需求，实现文稿的格式化输出

任务实践

一、文稿的校对

看打速录、听打速录是在特定工作环境下产生的速录工作形式。它们都能高效、快速地解决文稿的初步形成。但因时间紧迫、工作强度大等因素，文稿可能存在许多问题，这就需要及时进行文稿的校对工作。文稿的校对是速录工作后必须和必要的重要工作之一。文稿校对的内容包括：修改错别字、词，修改标点符号，修整句子，断句分段等。

【任务训练10】

校对下面的速录文稿。

三十年代初，胡适在北京大学任教授。讲课时他常常对白话文大加称赞，引起一些只喜欢文言文而不喜欢白话文的学生的不满。

一次，胡适正讲得得意的时候，一位姓魏的学生突然站了起来，生气地问："胡先生，难道说白话文就毫无缺点吗？"胡适微笑着回答说："没有。"那位学生更加

激动了："肯定有！白话文废话太多，打电报用字多，花钱多。"胡适的目光顿时变亮了。轻声地解释说："不一定吧！前几天有位朋友给我打来电报，请我去政府部门工作，我决定不去，就回电拒绝了。复电是用白话写的，看来也很省字。请同学们根据我这个意思，用文言文写一个回电，看看究竟是白话文省字，还是文言文省字？"胡教授刚说完，同学们立刻认真地写了起来。

十五分钟过去，胡适让同学举手，报告用字的数目，然后挑了一份用字最少的文言电报稿，电文是这样写的："才疏学浅，恐难胜任，不堪从命。"白话文的意思是：学问不深，恐怕很难担任这个工作，不能服从安排。胡适说，这份写得确实不错，仅用了十二个字。但我的白话电报却只用了五个字：

"干不了，谢谢！"胡适又解释说："干不了"就有才疏学浅、恐难胜任的意思；"谢谢"既对朋友的介绍表示感谢。

二、文稿的整理

文稿的整理主要是对校对后的文稿进行格式、段落、配图、表格等方面的修饰，并根据文稿的具体用途进行格式规范，如信函、会议记录、备忘录等。

【任务训练11】

阅读下面文稿，该文稿为"科航信息公司"于2018年5月14日下发的通知，请根据通知格式进行文稿整理。

关于下发《关于重申劳动纪律管理的规定》的通知

各部门、各处室：为加强企业管理，强化劳动纪律观念，打造敬业爱岗的员工团队，经公司领导研究决定，特制定《关于重申劳动纪律管理的规定》，现将规定下发给你们，请认真组织学习，并严格遵照执行。

附：《关于重申劳动纪律管理的规定》

科航信息公司

2018年5月14日

三、文稿的输出

文稿的输出主要是指电子文稿的文档格式，比如 WORD、WPS、EXCEL、POWERPOINT、PDF 等文件格式类型。

【任务训练12】

将下面文稿，整理为WORD和PDF两种格式，并以邮件附件发送到办公室邮箱。

社会主义民主和法制是不可分的。把社会主义民主与社会主义法制紧密结合起来，是邓小平民主法制思想的一个重要特点。在他看来，民主与法制是一个问题的两个方面，二者是辩证统一、不可分离的。他多次指出："社会主义民主和社会主义法制是不可分的。""中国的民主是社会主义民主，是同社会主义法制相辅相成的。"这些论述，既是历史经验的总结，又深刻揭示了社会主义民主与法制的内在关系。社会主义民主是社会主义法制的前提和基础。社会主义制度的建立，人民在事实上掌握国家政权，是产生社会主义法制的前提。社会主义法制随着社会主义民主的产生而产生，随着社会主义民主的存在而存在。民主的性质决定着法制的性质。社会主义民主遭到破坏，社会主义法制也必然被践踏。社会主义民主是社会主义法制的力量源泉，只有社会主义民主得到发展和加强，社会主义法制才能得到发展和加强。只有完善社会主义民主，使人民的愿望、要求充分表达出来，选出真正能够代表人民利益和意志的人民代表，才能制定出正确的、符合客观规律和人民意志的法律、法规；只有充分发扬社会主义民主，动员人民依靠人民群众，使人民群众真正经常、广泛地参加国家政治生活，才能使法律、法规得到严格的遵守和切实的执行；只有健全各项民主制度，保障人民群众对各级领导干部和公职人员实行监督、批评直至罢免的权利，才能同一切违法犯罪行为和各种形式的官僚主义进行有效的斗争。

 相关知识

1. 速录机应用的广泛性

首先，是听打。速录人员将听到的语言信息，用键码输入速录机（硬件），速录机立即将键码传送给计算机，通过"译码、编校系统"（软件）译成汉字，然后通过打印机打印出来，或通过投影仪投向屏幕。

其次，是看打。速录人员看着文字稿件，利用速录机录入稿件中的文字信息，通过编校，打印成文。如图3-4所示。

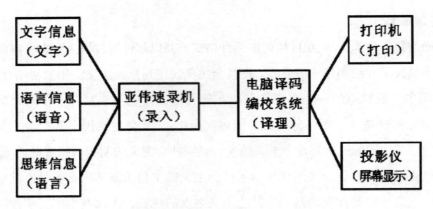

图3-4　速录机应用

2. 速录机的听打录入

（1）重点记录

就是把讲话中的重要或主要部分记录下来。这种记录大都是因为讲话内容没有详细记录的必要，或者是由于讲话人的口才欠佳，或者方言难懂，无法进行详细记录，只能记其重点。

（2）详细记录

比重点记录要详细，但又不同于全面记录。它可以把一些无关紧要的或重复的词、语句略去，把讲话内容详细记录下来。

（3）全面记录

就是把讲话内容基本上原封不动地记录下来。但是，由于口语和书面语有差异，听打速录稿比之原来的讲话，在语法和用词上，可能会有细微的差别，这要由客观要求或速录员的文化水平来决定。假若全面记录讲话内容，无论讲话内容有无差误，都一字不漏地记录下来，就需要按照主持人的意见尽量全部记录，努力做到一字不漏。如果主持人要求你全面记录，记下以后，马上打印出来，就要在语句通顺上加以注意了，因此，全面记录工作需要速录人员有较高的文化水平。

由此可见，速录员不仅可在工作中不断提高自己的文化素养和认识水平，还可促使大脑敏捷，提高逻辑思维与形象思维能力，最终成为一个具有较高技能的专业人才。

项目总结

在速录训练中，看打和听打是当前使用较多的速录方式，也是速录训练的重要内容。

1. 看打文稿的段落划分

看打训练的主体是以文稿为主，文稿的段落是组成文章结构的基本单位，因此，一篇文稿主体的段落层次是文稿的核心。正确划分段落，可使文章段落清晰，结构严谨，层次分明，完整地表达其思想内容。段落划分，常根据段落之间层次的连接或内容的转折进行。常见的划分方法有：根据内容转折进行划分；根据时间与空间转换进行划分；倒叙或插叙连接处进行划分等。

2. 听打训练技巧

听打技能的关键在于听记和速录的协调程度，听打的记忆属于瞬间记忆，听后能根据瞬时记忆将内容进行记录即可。在听打训练中，除需要记录说话者的语言内容外，还需记录说话者的语气、语调、语速等因素。

听打训练分为功能性速度训练、运动性速度训练和计算机操作技能训练。功能性训练是对人体内在能力的训练，包括听辨、记忆、动作反映等。运动性速度训练是对人在使用键盘时的运动功能训练，包括敲击键盘速度、寻找键位速度的训练和指法训练。计算机操作技能训练是指利用计算机的熟练程度、操作水平和应用能力的综合技能。

项目评价

一、学生评价

填写"任务学习情况表"。

对本项目中所涉及的任务进行总结，认真填写表3-12内的内容。

表3-12　任务学习情况表

任务名称	知识点	熟练程度（了解、理解、掌握等描述）	学习方法（总结采用的学习方法）	自我总结（学生根据学习过程进行填写）
任务1　认识速录设备及软件	速录设备及软件的分类			
	外接速录设备的使用			
任务2　速录技能训练	掌握快速阅读文稿的方法			
	通过训练掌握看打速录技能			
	通过训练掌握听打速录技能			
任务3　校对、整理和输出	文稿校对的方法及技巧			
	文稿整理的方法及技巧			
	文稿输出的格式			

二、教师评价

1.根据学生的学习情况，引导学生掌握速录机的使用，总结速录的学习策略。

2.对学生、小组在任务学习中的表现进行总结与评价。

3.对任务中出现的各类问题进行分析与总结。

思考与练习

查找相关资料，了解一种具体品牌速录机的使用，并开展速录训练。

信息的采集与编辑

信息的采集与编辑

🔘 项目背景

在文秘工作中，刘晓倩经常会遇到将文本、图形与图像等素材采集到计算机中的工作，比如，正借阅的打印文件，需要将其采集到计算机中，公司汇报材料中用到的图片，需要先对其处理。

🔘 项目分析

文本、图片等素材的收集及加工制作也是文秘人员的必备技能之一。从事文秘工作的人员经常会遇到文本、图形与图像的处理工作，为了更好地承担起文秘工作，需要学习各种素材的采集及处理方法。具体任务如下：

任务1　采集与编辑文本素材

任务2　采集与编辑图形图像素材

🔘 项目目标

了解文本、图形与图像的格式和基本知识，能够熟练地获取各种素材，并能进行简单的编辑处理。具体目标如下：

● 了解文本素材的采集方式，能够掌握几种编辑文本的方法与技能

● 了解图形、图像的采集方法，能够利用常用软件实现图形与图像的编辑、处理与修饰

🔘 项目实践

刘晓倩以文本、图形与图像等素材为主线，按照"先采集后处理"的思路，开始任务学习。

任务1 采集与编辑文本素材

任务描述

在计算机录入技术中，文本往往是最主要的选择目标。文本不仅能准确地表达出复杂的内容，而且所占用的空间少，方便编辑。因此，如何采集与编辑文本素材是需要完成的首要任务。

在本次任务中，需要做好以下工作：

◆ 了解常见文本的格式、各种格式的相互转换方式，熟悉常用的文本编辑处理软件

◆ 了解扫描仪的使用方法，学会扫描仪与计算机的连接方法，掌握使用扫描仪扫描文字图像的操作

◆ 以OCR（光学字符识别技术的英文缩写）软件为例，掌握OCR识别软件的使用方法与技巧

任务实践

以常用扫描仪和OCR软件为例，介绍用扫描仪扫描文字图像和将文字图像转换为文本文件的方法。

一、扫描仪的连接与使用

1.连线与驱动安装。按照扫描仪的说明书，将扫描仪通过USB连接线与电脑连接，打开扫描仪电源，使用自带的驱动光盘安装扫描仪驱动程序或在线安装对应型号的驱动程序，成功安装好扫描仪后，任务栏右下角应该弹出"硬件安装已完成"的提示信息。

2.扫描前准备。接通扫描仪的电源，开启扫描仪并进行预热，打开扫描仪的上盖，将要扫描的文字图像正面朝下放入扫描仪中，并将文字图像的位置放正，合上盖子。

3. 初始化设置。双击 Windows 桌面上的扫描仪快捷方式图标，如图 4-1 所示。启动扫描仪后，单击"设置扫描选项"按钮，完成扫描选项中"图像类型""输出尺寸""分辨率""亮度""对比度"和"饱和度"的设置。

图 4-1　扫描仪程序主界面

4. 扫描操作。单击图 4-1 中的 按钮，进行预扫，预览扫描范围是否得当。若不得当，进一步进行调整图像的位置或设置参数。单击 按钮开始扫描，出现扫描进度提示，此时扫描仪的指示灯不断闪烁。扫描完成后，自动显示图像文件（扩展名为.bmp）。

二、文本识别操作

1. 启动识别软件

双击 Windows 桌面上的 OCR 软件快捷方式图标，启动程序，如图 4-2 所示。

2. 设置参数

单击菜单栏"文件"，执行"系统配置"命令，会弹出"设置系统参数"对话框，根据需要处理图像文件的具体要求，对"语言""扫描"

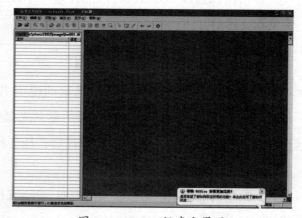

图 4-2　OCR 程序主界面

和"自动倾斜校正"等进行设置，如图4-3所示。

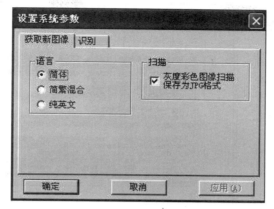

图4-3 "设置系统参数"对话框

3. 打开目标对象

打开菜单栏上"文件"菜单，执行"打开图像"命令，弹出"打开图像文件"对话框，如图4-4所示，根据存储位置、文件名和文件类型选择需要处理的图像文件，单击"打开"按钮。

图4-4 "打开图像文件"对话框

4. 分析操作

单击工具栏的 按钮，或单击"识别"菜单中的"版面分析"命令，自动对当前文件或管理窗口内选定的一批文件进行版面分析，如图4-5所示。若单击 按钮，或单击"识别"菜单中的"选择全部文件"命令，将全部文件选中，进行版面分析时，系统自动对全部图像文件进行版面分析。若框切分不正确，可单击工具栏中的 按钮，或单击"识别"菜单中的"取消当前栏"命令，即可取消当前栏，重新画框；若整页切分错误较多，可单击工具栏中的 按钮，或单击"识别"菜单中的"取消版面分析"命令，取消图像页的全部版面分析，手动进行版面分析。

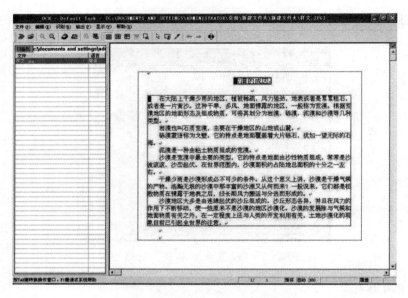

图4-5 "版面分析"窗口界面

5. 识别操作

选中要识别的图像页，单击 ▣ 按钮，或单击"识别"菜单中的"开始识别"命令，对所选图像进行版面识别。当然也可以用"F8"功能键识别选中图像。识别处理窗口，如图4-6所示。

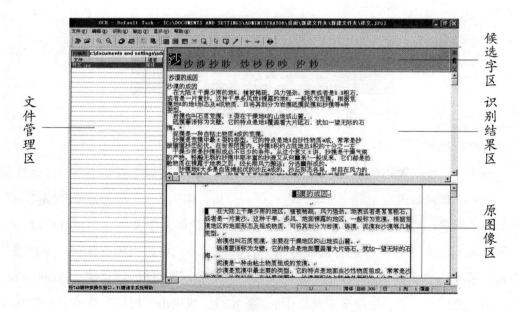

图4-6 "版面识别"窗口界面

6. 校对与编辑

识别转换完成后，要进行文字校对，检查识别转换是否有误，如果有误，可通过校对栏选择当前字的候选字替换识别有误的字；在文本编辑区内还可以进行字符编辑，如退格、删除、撤消等操作；此外，还可以输入特殊符号，只要单击OCR程序的工具栏上的 ✿ 按钮，弹出特殊符号表窗口，再选择所需的特殊符号插入到当前位置即可。

7. 结果输出

校对检查完成后，选择"输出"菜单中的"到指定格式文件"命令，弹出"保存识别结果"对话框，如图4-7所示。在对话框中，先选择文件要存储的位置，再输入保存的文件名和保存类型（可以保存成 *.RTF、*.TXT、*.HTML 和 *.XLS 四种格式的文件），同时勾选"输出到外部编辑器"复选框，以便系统在保存文件的同时，会调入相应的文字处理程序（如 WORD 、WPS）打开保存的文本文件，最后单击"保存"按钮，文字识别结果即被保存到指定位置。

图4-7 "保存识别结果"对话框界面

三、文本的格式转换

1. 把PDF格式的文档转换成WORD文档格式

利用相关软件从 PDF 格式文档中提取出文字、图形和其他内容，存放到WORD格式文档中，然后在 WORD 中再编辑文字、排版及重整布局。如图4-8所示。

图4-8　程序主界面

　　具体方法：单击"文件"命令后再点击"打开"，选择需转换的PDF文档，单击"打开"按钮，弹出"Preferences"参数设置对话框，单击"基础选项"选项卡，可选择要转换的页码范围及"完成转换后查看文件"复选框，如图4-9所示。

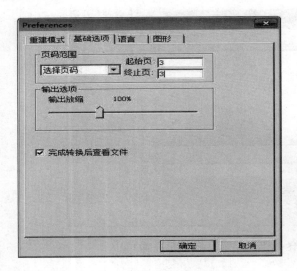

图4-9　参数设置对话框　　　　　图4-10　转换完成后的提示框

　　设置完成后，单击"确定"按钮，弹出"另存为"对话框，选择保存位置，输入文件名，默认保存类型为".doc"类型，单击"保存"按钮，弹出文件转换进度对话框，完成后弹出如图4-10所示的提示框，单击"确定"按钮即可打开转换后的文档，如图4-11所示。

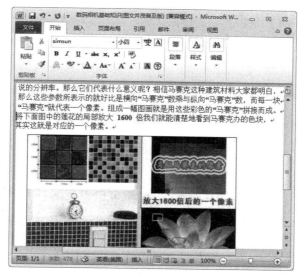

图4-11　PDF文档转换成的Word文档

2. 把WORD文档转换成PDF格式的文档

启动转换程序，依次点击"文件""另存为PDF"，在弹出的"另存为"对话框中，选择保存的位置，输入要保存的PDF文件名，选择保存类型为PDF，单击  按钮可以设置要转换为PDF格式的文档页数，最后单击"保存"按钮即可。

另外，也可以依次选择"文件""保存并发送"命令，在文件类型下选择"创建PDF/XPS文档"，单击"创建PDF/XPS"按钮，弹出"发布为PDF或XPS"对话框，设置保存位置、文件名、保存类型及选项，最后单击"发布"按钮即可。

其它文本格式（如*.TXT、*.DOC、*.HTML、*.RTF）的转换，可以使用Word2010应用程序将要转换的文档打开，然后以"另存为"方式，选择转换后的保存类型，再单击"保存"按钮即可。

相关知识

一、认识扫描仪

扫描仪是利用光电技术和数字处理技术，以扫描方式将图形或图像信息转换为数字信号的输入设备，可实现对书籍、文献资料、照片、文本页面、图纸等进行扫描。扫描仪主要有便携式扫描仪、平板式扫描仪、笔式扫描仪和滚筒式扫描仪。

信息的采集与编辑

扫描仪的主要性能指标有以下几个方面：

（1）分辨率。分辨率是指扫描时每英寸获取的像素点数，单位为像素/秒。它分为水平分辨率和垂直分辨率。分辨率越高，扫描出的图像越清晰，占存储空间越大。常见的扫描仪分辨率为100 dpi、150 dpi、200 dpi、600 dpi等。

（2）灰度等级。在扫描时，图像的亮度是从最黑到最白进行划分等级的，用灰度等级表示。级数越高，图像的亮度变化范围越大。目前，扫描仪的灰度等级有8bit、10bit和12bit等。

（3）色彩数量。用来表示扫描仪在扫描时可以识别的最大色彩数目。色彩数量越大，图像色彩越丰富，但生成的文件相对也越大。目前扫描仪的色彩数量大多在32位以上。

（4）接口。SCSI接口扫描速度较快，但安装比较繁琐；EPP接口安装及使用容易，但速度比SCSI慢；USB是最流行的接口，家用扫描仪主要为USB类型接口。

（5）扫描速度。扫描速度指扫描一个文件的时间长短，主要决定于扫描仪的接口模式、扫描仪步进电机的速率和扫描仪设定的分辨率。分辨率越高，扫描速度越慢。

二、识别软件介绍

下面以OCR软件为例介绍其使用。图像识别界面包括主菜单、工具栏、图像文件管理区、候选字区、识别结果区以及原图像区，如图4-12所示。

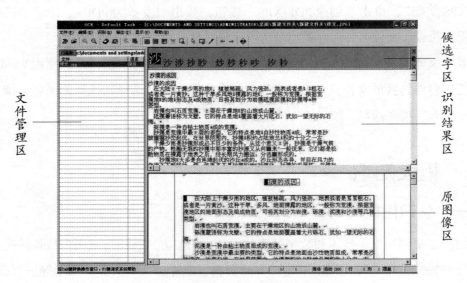

图4-12　OCR软件图像识别界面

候选字区

识别结果区

原图像区

文件管理区

124

1. 文件管理区

对图像文件进行管理和整理。

（1）打开文件：单击"文件"菜单中的"打开图像"命令，选择要打开的图像文件，打开的图像文件则列表显示在文件管理区。

（2）删除文件：按键盘上的"Delete"键，将文件删除。

（3）调整文件：选中一个文件或按住"Ctrl"键可以选择多个文件，把文件拖放到要调整的位置。

（4）文件格式：本系统支持TIF、BMP格式，彩色灰度图还支持JPG格式。

（5）文件语言：本系统支持中文简体、英文、简繁体混排方式及中英文混排方式。

（6）图像文件重命名：选中文件，可选择保存为TIF、BMP、JPG等类型文件。

（7）图像文件保存路径：设置获取图像文件的路径、名称、格式。

2. 候选字区

修改识别结果时，可以选择候选字区的文字，直接修改成当前文字。

3. 识别结果区

显示当前图像文件的识别结果。

4. 原图像区

显示当前正处理的图像。

三、常见的文本格式

文本是一种符号化的媒体，在多媒体应用软件中，虽然有多种媒体可供使用，但是在有大段的内容需要表达时，文本方式是使用最为广泛的格式。常见的文本文件有以下几种：

TXT：纯文本文件，是最常见的一种文件格式，主要存储文本信息，即文字信息，Windows系统的"记事本"就是支持TXT文本的编辑和存储工具。所有的文字编辑软件和多媒体集成工具软件均可直接调用TXT文本格式文件。

DOC（或DOCX）：Word文档，可以使用Microsoft Word软件进行创建、保存及编辑等操作。

WPS：WPS是金山软件公司的一种办公软件。WPS文档，是由金山WPS软件处理产生的文档。

HTML：超文本标记语言文档，扩展名为.htm或.html，可用字处理软件进行编辑。

PDF：一种电子文件格式，可以包含超文本链接、声音和动态影像等电子信息，支持特长文件，集成度和安全可靠性都较高。目前越来越多的电子图书、产品说明、网络资料、电子邮件开始使用PDF格式文件。需用相关软件来阅读。

RTF：也称富文本格式（Rich Text Format，一般简称为RTF），是由微软公司开发的跨平台文档格式。以纯文本描述内容，能够保存各种格式信息，可以用写字板、Word等创建。大多数的文字处理软件都能读取和保存RTF文档。

四、文本获取方式

对于少量文本，可以通过文字处理软件，利用计算机键盘或鼠标等工具完成文本的输入，我们可以把这种方式称为直接获取。对于大量文本的获取，可以通过外部设备（如扫描仪、数码相机等）完成文本信息的输入，这种方式称为间接获取。

常见的获取方法有以下几种：

1. 键盘输入法

键盘输入法是计算机进行文字输入的基本方式，利用键盘输入法可以实现英文和汉字的输入。其中，英文可以利用键盘直接输入，无需编码；汉字需要使用一定的编码规则完成输入，常用的输入法有"微软拼音输入法""五笔字型输入法""搜狗拼音输入法"等。

2. 手写输入法

在现实生活中，人们在文本输入时可能遇到生僻字或不常见字，只需将文本书写在特定的识别设备上，再将特定设备（手写板）与计算机相连，计算机再通过安装的识别软件完成书写文本到计算机文本的转换。目前市场上销售的手写板产品众多，应用较广。

3. 语音输入法

在现实生活中，将大量文字通过键盘输入方法输入到计算机中，需要消耗大量的人力物力，为提高输入效率，可借助语音识别技术，让计算机听懂人的语音，实现声音信息直接转换成计算机中的文本信息。

4. 扫描识别输入法

在实际办公中，经常遇到对书籍、报刊杂志、报表票据、公文档案等进行编辑的需求，直接使用键盘输入会使工作变得烦琐，若采用扫描转换的方法，则可以大大加快文字录入速度，提高工作效率。利用OCR技术，可以把需要的书籍、资料等进行扫描转换，生成电子文档，更便于保存与编辑。

5. 通过互联网获取

随着网络资源的日益丰富，人们从网络中获取资料也越来越多。在不违反网络信息版权和法律条文的条件下，人们可以将网页等载体上的文本信息下载到本地计算机上，方便查阅。最常见的方法有：从网页中获取文本信息、从电子邮件中下载文本文档、利用抓图工具软件进行抓取，然后再利用OCR软件进行识别等。

任务2　采集与编辑图形　图像素材

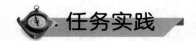 **任务描述**

由于图片具有直观性、可理解性的特点，有时使用语言和文字难以表述的事物，用一张简单的图片就能精辟而准确地表达，在各种材料中，往往能起到画龙点睛的作用。因此，采集与编辑图形、图像素材也是办公室文秘人员的必备技能之一。

在本次任务中，需做好以下工作：

◆ 了解图形与图像的基本知识和格式，掌握图片格式的转换

◆ 学会利用数码相机、抓屏软件、网络工具获取图片，熟练掌握图片浏览软件的应用及图片大小调整、旋转等操作

任务实践

一、采集图片素材

许多功能强大的图像捕获软件，可以进行规则区域、任意区域、动态、文字、程序截图等。这类软件可以将捕获到的图片保存为GIF、JPEG、TIF、PCX、PNG、BMP等格式，其中的JPEG格式还可调整压缩比例，GIF格式可设定透明色和色彩数目，并可进行图片缩放。Snagit程序主界面，如图4-13所示。

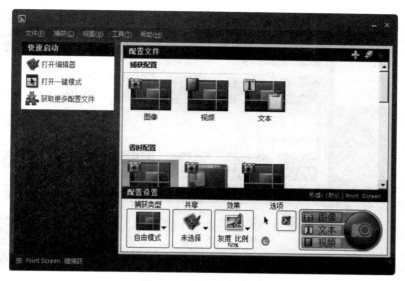

图4-13 程序主界面

1. 设置捕获模式

捕获模式一般有图像捕获、视频捕获和文本捕获3种，默认的是图像捕获模式。在 Snagit 主窗口右边"配置文件"内的"捕获配置"一栏中，每个图标其实就代表一种捕获设置，图片左上角的相机图标代表捕获图像，视频图标表示捕捉屏幕视频，"T"图标表示捕获文字，单击相应捕获方式按钮即选择一种捕获模式。另外也可以单击屏幕右下角的捕获模式设置，如图4-14所示。

图4-14 捕获模式设置

2. 设置捕获方案

在程序主界面"配置文件"内的"基本捕捉方案"和"其它捕捉方案"中提供了许多捕获方案，单击相应按钮即选择了一种捕获方案，如图4-15所示。

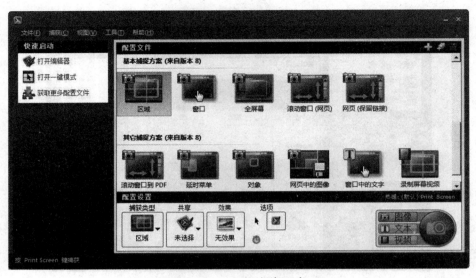

图 4-15　设置捕获方案

也可在程序主界面"配置设置"区域中设置捕获类型、共享、效果选项来设置捕获方案，共享类型及效果，如图4-16、图4-17所示。

图 4-16　设置捕获类型

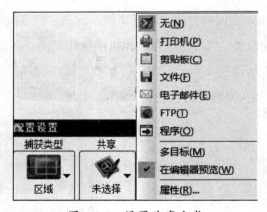

图 4-17　设置共享方式

（1）区域抓图

运行程序，选择"捕获配置"中的"图像"，再单击"配置设置"中的"捕获类型"选择"区域"。按下快捷键（默认为 Print Screen）或单击主界面右边的"捕获"按钮。进入图像捕获状态，此时出现橙色的十字线或方框，在要捕获的对象上拖曳鼠标，松开鼠标即可完成图像捕获，并自动进入"编辑器"预览窗口。在这个编辑窗口中，可以为图片编辑修改、设置效果等。

最后，根据需要选择输出方式。输出方式有：打印机、剪贴板、文件、电子邮件、FTP等。单击 按钮进行图像保存，保存图像文件时，可根据需要在"另存为"对话框中选择GIF、JPEG、TIF、PCX、PNG、BMP、AI等格式进行保存。

（2）窗口抓图

窗口抓图可以抓取整个Windows窗口，也可以抓取窗口中的一部分，如菜单栏、状态栏等。这种方式不需要用鼠标拖曳来确定窗口的范围，只需把鼠标移动到窗口上或窗口部分区域上，即可形成一个橙色的区域，单击鼠标即可完成抓图。

（3）菜单抓图

选择该选项，打开需要捕获的下拉菜单或右击打开快捷菜单，按下快捷键即可捕获。

（4）滚动窗口抓图

选择该选项后，将鼠标移动到要捕获的网页窗口上，单击相应的按钮，出现"正在滚动…请稍候！"的提示，稍停捕捉完毕，即可打开预览窗口，将捕捉的图像进行保存。

（5）手绘功能

手绘功能可以让你用鼠标画一个不规则的区域，比如星星、圆形之类的。选择"高级"选项，可捕获各种对象（如按钮）、固定区域、图形文件、活动窗口或扫描仪和照相机中的照片，如图4-18所示。

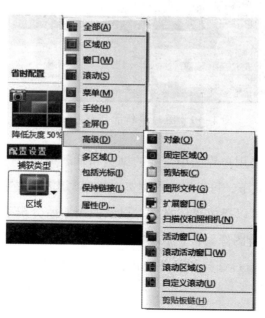

图4-18　设置高级捕获类型

二、浏览与编辑图片

如今，市面上有许多速度飞快、功能强大、简单易用的图像管理软件。这类软件不仅能对图片进行浏览、管理，而且包含大量的图像编辑工具，可用于创建、编辑、润色数码图像。

1. 程序界面介绍

图片编辑管理软件用户界面提供了便捷的途径来访问各种工具与功能，利用它们可以浏览、查看、编辑及管理相片与媒体文件。图片编辑管理软件一般有四种模式：管理模式、查看模式、编辑模式以及 Online 模式。如图4-19所示。

图4-19　图片编辑管理程序主界面

（1）管理模式：是用户界面中主要的浏览和管理组件，也是启动软件时默认的模式。在"管理"模式下，可以导入、浏览、整理、比较、查找以及发布相片。

（2）查看模式：可以播放媒体文件，以及使用原始分辨率逐一显示图像。还可以打开相应窗格来查看图像属性，以不同的缩放比例显示图像的各个区域，或是查看详细的颜色信息。通过选择图像并单击"查看"模式选项卡即可打开查看模式，如图4-20所示。

图4-20 查看模式

（3）编辑模式：可以对已渲染为 RGB 的图像数据进行处理。使用基于像素的"编辑"工具修正与增强相片，从而可实现自由创意，应用精确调整。通过选择图像并单击"编辑"模式选项卡即可打开编辑模式，如图4-21所示。

图4-21 编辑模式

（4）Online 模式：可以轻松地将图像上传到图像编辑管理软件分享站与联系人或公众分享。在 Online 模式下，可以选择计算机上的图像，然后将其直接拖放到图像编辑管理软件的在线分享站。

2. 浏览图片

（1）在"文件列表"窗格中浏览文件

默认情况下，文件在"文件列表"窗格中显示为略图，可以将"文件列表"窗格视图从略图更改为详细信息、列表、图标、平铺或胶片，还可以根据名称、大小、图像属性及其他信息给文件排序。还可以使用过滤器来控制在"文件列表"窗格中显示文件。

在主界面左边的"文件夹"窗格中，选择图片所在的文件夹，选中后就会在右边"文件列表"窗格中显示该文件夹中所有的图片文件，单击选择要浏览的图片，在"文件夹"窗格下方的"预览"区域，即可对该图片进行预览；选中图片后，双击鼠标（或按Enter键），进入图片管理软件的查看模式，再次双击或按Esc键，可返回软件主界面窗口。

（2）手动浏览或自动浏览

依次单击"文件""打开"选项，弹出"打开文件"对话框，在"查找范围"下拉列表框中，选择要浏览图片的位置，然后选中被浏览图片，单击"打开"按钮进行图片浏览。对于多张图片，可以采取手动浏览和自动浏览两种方式进行浏览。

手动浏览：在查看模式下，单击工具栏中的"下一个"按钮 或"上一个"按钮，进行向下或向上翻页浏览图片。另外，还可以按空格键、四个方向箭或鼠标滚轮来向上或向下浏览图片。

自动浏览：在查看模式下打开一组图像，依次单击"视图""自动播放""选项"，打开"自动播放"对话框。在此对话框中，可设置播放的顺序、延迟时间等，然后单击"开始"按钮。要前进到下一个图像，可按 Space 键；要返回到上一个图像，可按 Backspace 键；要停止或重新开始自动播放，可按 Pause 键。

在管理模式下，依次单击"属性""幻灯放映"命令即可自动浏览图片。自动浏览时，还可以改变图片的浏览速度和播放效果，设置方法如下：在管理或查看模式下，用鼠标右键单击某图片，在出现的菜单中选择"配置幻灯放映"选项，出现"幻灯放映属性"对话框，在预览图片下方的"幻灯持续时间"数值框中，可以改变图片浏览的间隔时间，在左边的列表框中则可选择转场效果。如图4-22所示。

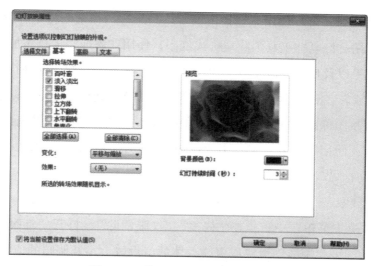

图 4-22 "幻灯放映属性" 对话框

3. 编辑图片

图片编辑管理软件的编辑模式提供了许多工具，如图 4-23 所示。使用这些工具可以对图像的指定区域进行润色。

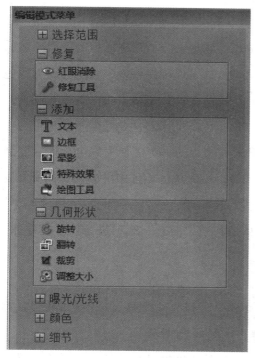

图 4-23 编辑模式菜单

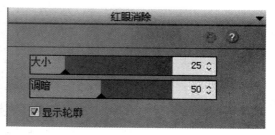

图 4-24 "红眼消除"窗格

在编辑模式下，可以使用"选择范围"工具选择图像中的特定部分并对其应用编辑设置；使用"修复"工具消除瑕疵或红眼；使用"添加"工具添加文本、边框、晕影、特殊效果以及使用绘画工具；使用"几何形状"工具对图像进行裁剪、翻转、调整大小以及旋转；使用"曝光/光线"工具通过曝光、色阶、自动色阶、色调曲线、光线的设置调整图像的曝光度及光线；使用"颜色"工具中的白平衡或者颜色平衡工具调整颜色；使用"细节"工具中的锐化、模糊、消除杂点、添加杂点或清晰度工具向图像添加细节。

（1）消除红眼

在"编辑模式菜单"中，点击"修复""红眼消除"，打开"红眼消除"窗格，如图4-24所示。可利用拖动滑块或更改具体的值设置大小及调暗的值，使用窗口右下角的"缩放"工具放大要校正的眼睛并使之居中显示，点击眼睛的红色部分，在调整的过程中，可使用删除键删除对当前所选红眼进行的调整。单击"完成"按钮，然后对所做修改进行保存。

（2）修复图像

"修复工具"有两个选项可供使用："修复画笔"与"克隆画笔"。

选择"修复画笔"时，"修复工具"将像素从相片的一个区域复制到另一个区域，但在复制它们之前会对来源区域的像素进行分析。它也会分析目标区域的像素，然后混合来源与目标区域的像素，以匹配周围的区域。这可以确保替换像素的亮度与颜色能够与周围的区域相融合。"修复画笔"对于处理具有复杂纹理（如皮肤或毛发）的相片特别有效。

选择"克隆画笔"时，"修复工具"将像素从相片的一个区域完完全全地复制到另一个区域，从而创建一个完全相同的图像区域。在完成的相片中更难于识别所复制的像素，因此，对于处理具有强烈的简单纹理或统一颜色的相片而言，"克隆画笔"更加有效。例如对图4-25进行处理，图4-26是利用"修复"选项进行修复的结果，图4-27是利用"克隆"选项处理的结果。

具体步骤：

运行图片编辑管理软件，选择图4-25，单击"编辑"选项卡，单击"编辑模式菜单"的"修复"，然后打开"修复工具"窗格，如图4-28所示。

选择"修复"选项（或"克隆"选项），设置笔尖宽度及羽化值，然后使用鼠标

图 4-25 原图片

图 4-26 修复后的结果

图 4-27 克隆后的结果

图 4-28 "修复工具"窗格

右键单击图像设置来源点,再单击要修复的区域进行绘制。单击"完成"按钮,保存修改后的图片。

(3)添加文字、边框、特殊效果等

对图 4-29 的图片添加气泡文字、边框、特殊效果,做成图 4-30 所示的图片。

图 4-29 原图片

图 4-30 "添加"后的效果图

具体步骤：

第一步：运行程序，选择图4-29，单击"编辑"选项卡，进入编辑模式。

第二步：单击"添加"中的"文本"，打开"添加文本"窗格，如图4-31所示。

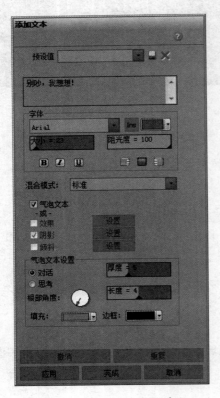

图4-31　"添加文本"窗格

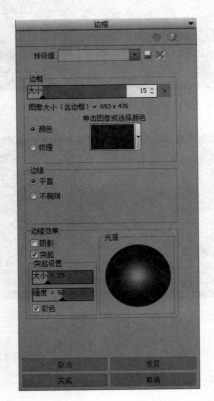

图4-32　"边框"窗格

在"文本"处输入要添加的文本"别吵，我想想！"，设置字体、字号、颜色等，选择"气泡文本"复选框，选择"对话"单选按钮，设置气泡文本的边框厚度、文本气泡根部的长度、根部角度、填充及边框颜色，最后单击"完成"，进行保存。

第三步：单击"添加"中的"边框"，打开"边框"窗格，对边框大小、颜色、边缘、边缘效果等进行设置，如图4-32所示。最后单击"完成"，进行保存。

第四步：单击"添加"中的"特殊效果"，打开"效果"窗格，如图4-33所示。

选择"自然"里的"水面"，打开"水面"选项卡，如图4-34所示。对位置、幅度、波长、透视、光线等进行设置后，单击"完成"按钮，保存所做的修改，形成效果图。

图4-33 "效果"窗格

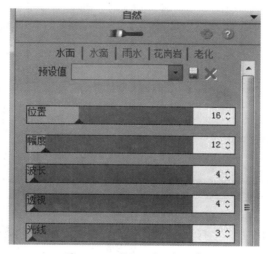

图4-34 "水面"选项卡

此外，还可以使用"几何形状"调整图片。在图片编辑管理软件的编辑模式下，单击"几何形状""旋转"，打开"旋转"窗格，可对旋转方向、调正角度等选项进行设置。

4. 图片文件格式转换

（1）将单个图片文件进行转换

在图片编辑管理软件中，打开要转换的图片文件（或在管理模式下选择要转换的图片，再单击"查看"选项卡），进入图片的查看模式，然后单击"文件""另存

为"，打开"图像另存为"对话框，选择图片的保存位置、输入文件名，在"保存类型"下拉列表中选择转换后的文件类型，单击"保存"按钮，即可完成图片文件的格式转换。

（2）将多个图片文件转换成另一种文件格式

第一步：在管理模式下，选择一个或多个图像，然后依次单击"工具""批量""转换文件格式"（或在查看模式中，依次单击"工具""修改""转换文件格式"），开启"批量转换文件格式"向导，如图4-35所示。

第二步：在"选择格式"页面上，从"格式"选项卡上显示的列表中选择新格式，选择"高级"选项卡，修改此向导的设置。

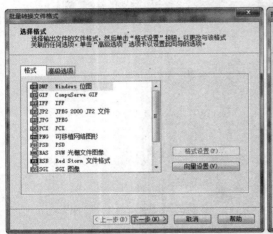

图4-35 "批量转换文件格式"向导

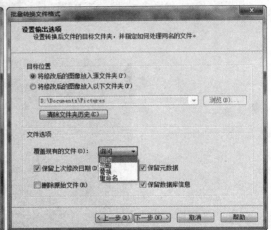

图4-36 "设置输出选项"页面

第三步：单击"下一步"，打开"设置输出选项"页面，如图4-36所示。选择转换后的图像的位置，并从"覆盖现有的文件"下拉列表中，根据需要选择相应选项。

第四步：单击"下一步"，打开"设置多页选项"页面，如图4-37所示。设置相应的输入、输出选项，然后单击"开始转换"按钮，最后单击"完成"按钮。

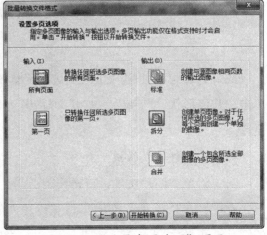

图4-37 "设置多页选项"页面

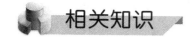

相关知识

一、图片分类及格式

计算机处理的图片有两种，分别是矢量图和位图。通常把矢量图叫做图形，把位图叫做图像。

1. 图像

图像又叫位图、像素图或点阵图，是以点或像素的方式来记录图像的。创建一幅图像的最常用方法是通过扫描来获得。图像的优点是色彩显示自然、柔和、逼真；其缺点是图像所占用的空间大，并且图像以高倍率放大时会产生锯齿，使影像失真，如图4-38。

图 4-38　图像以高倍率放大产生锯齿失真

每种格式的图像文件都有不同的特点、产生的背景和应用的范围。图像的文件格式很多，如 *.bmp、*.pcx、*.png、*.gif、*.jpg、*.tif、*.psd、*.pcd、*.tga等。

（1）BMP格式：是Windows系统下使用较普遍的一种标准位图格式。对于压缩的BMP格式图像文件，它使用行编码方法进行压缩，压缩比适中，压缩和解压缩较快；对于非压缩的BMP格式，图像的质量较好，但文件较大，它是一种通用的格式，可以用于绝大多数图像处理软件。

（2）PCX格式：是ZSOFT公司在开发图像处理软件Paintbrush时开发的一种格式，基于PC的绘图程序的专用格式，一般的桌面排版、图形艺术和视频捕获软件都支持这种格式。PCX支持256色调色板或全24位的RGB，图像大小最多达64K*64K像素。

（3）PNG格式：原名称为"可移植性网络图像"，能够提供长度比GIF小30%的无损压缩图像文件。这是为了适应网络传输而设计的一种较新的图像格式，它与GIF格式相似，但它的压缩比大于GIF格式。

（4）GIF格式：是CompuServe公司指定的一种动态图像格式，应用较广，适用于各种计算机系统平台，一般软件均支持这种格式。它又分三种格式，即静态GIF格式、GIF89a和GIF87a。

（5）JPG格式：是一种应用较广的图像压缩格式。它采用的JPEG压缩是一种高效率的有损压缩，利用人眼分辨率低的特点，将不易被人眼觉察的图像颜色变化删除，使图像的压缩比增大（可达2∶1到40∶1的压缩率）。

（6）TIF（TIFF）格式：是由Aldus和Microsoft公司联合开发的一种工业标准格式，最初用于扫描仪和桌面出版业。该格式有压缩和非压缩两种，非压缩的TIF格式可独立于软件和硬件环境，压缩的TIF格式采用LZH编码压缩。

（7）PSD格式：是Photoshop图像处理软件的专用文件格式，文件扩展名是.psd，可以支持图层、通道、蒙板和不同色彩模式的各种图像特征，是一种非压缩的原始文件保存格式。

（8）PCD格式：是一种Photo CD档案格式，由Kodak公司开发，其他软件系统只能对其进行读取。该格式主要用于储存CD-ROM上的彩色扫描图像，它使用YCC色彩模式指定其图像中的色彩。该格式的图像大多具有非常高的质量。

（9）TGA格式：是Truevision公司为支持图像行捕获和本公司的显示卡而设计的一种图像文件格式。这种格式支持任意大小的图像，图像的颜色可以从1位到32位，具有很强的颜色表达能力。目前，它已经广泛应用于真彩色扫描和动画设计领域，是一种国际通用的图像文件格式。

2. 图形

图形又叫矢量图，是用一系列计算机指令来描述和记录一幅图，它所记录的是对象的几何形状、线条粗细和色彩等。生成的矢量图文件存储量很小，特别适用于文字设计、版式设计、标志设计、计算机辅助设计（CAD）、插图等。矢量图可任意缩放大小，仍保持影像清晰，如图4-39。

图形格式也有很多，如 *.ai、*.eps、*.cdr、*.wmf、*.svg、*.emf等。编辑这样的图形的软件称为矢量图形编辑器。

图4-39　矢量图可任意缩放大小

（1）AI格式：是指Adobe Illustrator 的格式，是矢量图格式。现已成为业界矢量图的标准。几乎所有的图形软件都能导入AI格式。它的优点是占用硬盘空间小，打开速度快，方便格式转换。

（2）EPS格式：是目前桌面印刷系统普遍使用的通用交换格式当中的一种综合格式。EPS文件虽然采用矢量描述的方法，但亦可容纳点阵图像，只是它并非将点阵图像转换为矢量描述，而是将所有像素数据整体以像素文件的描述方式保存。EPS文件可以同时携带与文字有关的字库的全部信息。

（3）CDR格式：是Corel公司旗下绘图软件的专用图形文件格式，可以记录文件的属性、位置和分页等。但它在兼容度上比较差，其他图像编辑软件打不开此类文件。其功能可大致分为两大类：绘图与排版。

（4）WMF格式：是微软公司自定义的一种矢量图格式，Word中内部存储的图片或绘制的图形对象属于这种格式。

（5）SVG格式：是一种可缩放的矢量图形格式。它是一种开放标准的矢量图形语言，可任意放大图形显示，边缘异常清晰，文字在SVG图像中保留可编辑和可搜寻的状态，没有字体的限制，生成的文件很小，下载很快，十分适合用于设计高分辨率的Web图形页面。

（6）EMF格式：是微软公司为了弥补使用WMF的不足而开发的一种Windows 32位扩展图元文件格式，也属于矢量文件格式，其目的是使图元文件更加容易接受。

二、图片的获取途径

办公室文员在文秘工作中，获取素材的方式有多种，可根据工作需要灵活选择。图片的获取也是办公室人员采集信息的重要方式之一。

图片的获取途径如图4-40所示。

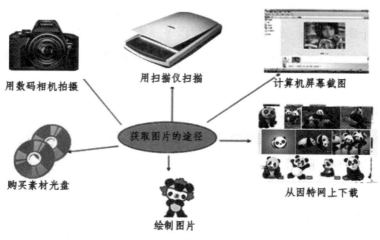

图4-40 图片的获取途径

1. 用数码相机或手机拍摄

利用数码相机或手机可以方便地获取图片，通过数码相机或手机获得的图片，通常存储在存储卡内，再通过数据传输线或读卡器将图片输入到计算机中，如图 4-41 所示。

图 4-41　数码相机及数据线等

2. 用扫描仪扫描

若要将纸质的图片输入到计算机中，就需要用扫描仪进行扫描。其一般步骤为：将扫描仪与计算机连接→安装扫描仪驱动程序→将要扫描的图片放入扫描仪→启动扫描软件→设置参数→单击"预览"按钮对扫描画面进行预览→设定扫描范围，单击"扫描"按钮进行扫描→保存图片。

3. 从网上获取图片

现在Internet上有非常丰富的图片资源，所以从网上获取图片已成为获取图片的重要途径。其一般步骤如下：

进入搜索引擎网站→输入相应的关键字→选择合适的搜索结果→找到所需的图片→将图片进行复制、另存为或下载到所需位置。

4. 用绘图软件制作

常见的绘图软件有：平面图形处理软件，集图像扫描、编辑修改、图像制作、广告创意、图像输入与输出于一体的图形图像处理软件，计算机中的画图软件，矢量图形绘图软件，建筑与机械制图软件等。

5. 购买素材光盘

6. 使用抓图工具抓取

要想抓取计算机屏幕上的图片，需要用到专门的抓图工具软件。

项目总结

信息的采集原则有多种，可以根据以下原则进行判断和采用。

1. 真实性与科学性原则

使用信息素材，要注意内容的真实性与科学性。素材的选取对真实性要求非常严格。科学本身就是求真实、准确，反对弄虚作假，失去真实性就失去科学性。素材选择必须符合客观实际，而且要经得起实践检验，那些不确切的素材不可选入。

2. 系统性原则

系统性是合理知识结构体系的主要特征。系统性原则要求选材有助于系统地、连续地、有一定逻辑顺序性地形成知识、技能和技巧。其次，系统性还体现在一个多媒体系统是一个系统的整体，采用要素分析方法，将之分解为一个个要素，进一步将各要素分解为子要素，并加以有序地组合起来，使各知识点秩序井然，关系紧密。

项目评价

一、学生评价

1. 填写"任务学习情况表"。

对本项目中所涉及的任务进行总结，认真填写表4-1中的内容。

信息的采集与编辑

表4-1　任务学习情况表

任务名称	知识点	熟练程度（了解、理解、掌握等描述）	学习方法（总结采用的学习方法）	自我总结（学生根据学习过程进行填写）
任务1 采集与编辑 文本素材	扫描仪的连接与使用，OCR软件的文本识别操作			
	常见的文本格式及其之间的相互转换			
	文本获取方式的分类			
任务2 采集与编辑 图形、图像 素材	使用软件获取图片素材			
	图片管理软件的使用及功能			
	描述图片的分类及常见格式			

2. 向同学们推荐一些其它的信息采集软件，并介绍您推荐该软件的原因。

二、教师评价

1. 根据学生的学习情况，编制某种软件的操作任务，引导学生熟悉软件的使用，总结软件的学习策略。

2. 对学生、小组在任务学习中的表现进行总结与评价。

3. 对任务中出现的各类问题进行分析与总结。

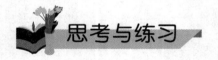

思考与练习

利用扫描仪及OCR软件扫描本项目"任务1　文本的采集与编辑"中的"相关知识"的内容，并将其保存为纯文本文件。